内心强大不怯场

李娜◎编著

中国纺织出版社有限公司

内 容 提 要

一个人只有告别脆弱，做到内心强大，才能真正无所畏惧、心无旁骛、努力向前，成为生活的强者、人生的赢家。

这是一本帮助我们进行心灵归位的暖心之作，是帮助我们自立自强、戒骄戒躁，寻找幸福生活的身心修养励志书。全书深入浅出地解析了如何成为内心强大的人，引导广大读者把智慧融进生活，获得幸福的人生。

图书在版编目（CIP）数据

内心强大不怯场 / 李娜编著. --北京：中国纺织出版社有限公司，2020.7

ISBN 978-7-5180-7247-7

Ⅰ.①内… Ⅱ.①李… Ⅲ.①成功心理—通俗读物 Ⅳ.①B848.4-49

中国版本图书馆CIP数据核字（2020）第047337号

责任编辑：赵晓红　　责任校对：王蕙莹　　责任印制：储志伟

中国纺织出版社有限公司出版发行

地址：北京市朝阳区百子湾东里A407号楼　邮政编码：100124

销售电话：010-67004422　传真：010-87155801

http://www.c-textilep.com

中国纺织出版社天猫旗舰店

官方微博http://weibo.com/2119887771

佳兴达印刷（天津）有限公司印刷　　各地新华书店经销

2020年7月第1版第1次印刷

开本：880×1230　1/32　印张：6

字数：162千字　定价：39.80元

前言

生活中，平凡的你是否有这样的感受：为什么我这么努力，却还是一事无成？为什么我的努力上司总是看不到？为什么孩子这么不听话？为什么别人的生活就那么幸福？……你什么都抱怨，什么都想要，但到最后什么也没得到，而人生中各种关系——职场关系、亲密关系等也凌乱如麻，总之前途渺茫。虽怀揣梦想却被时代裹挟其中，无力感、种种大小不如意如影随形。

其实，你之所以有这样的无力感，是因为你内心的脆弱，脆弱的人才会任凭自己的情绪被周遭的事物影响，才会盲目攀比、无尽地抱怨，才会活在阴暗之中，而相反，那些幸福、成功的人，他们都有一个强大的的心灵，他们总是敢于走自己的路，在他们追求幸福、成功的道路上，也会遇到他人的非议、怀疑甚至是攻击，但无论遇到什么，他们都会听从内心的声音、坚持自己的信念、注重心灵的充盈，这样，他们才能勇往直前，从不畏惧，而正是这样专注的精神，让他们免于忧虑，触摸和感受到了真正的幸福。

哲人说，人生最大的敌人其实就是自己，我们的内心会为自己设置非常多的障碍，从而让自己一生都在不快乐之中挣扎，可以说，征服自己是练就强大心灵的前提，所以，不要急于打败对手、打败别人。如果你能够打败自己，打败自己的偏见、固执、懒惰，打败自己内心的自我限制，征服自己，你就会觉得自己得到了升华，冲出了自己设置的藩篱，征服自己，比任何一种竞争都能使你更快获得进步。

有人说“英雄征服世界，圣贤却征服自己”，这是中国文化的传统精神。征服世界容易，只要把自己的理想建立在打败别人上，又有什么困难呢？难道我们不是一直在潜意识里想着和别人一比高下，打败对手吗？潜意识中想要做的事，是无论多么困难，也总是能够做到的。征服自己却不是那么容易的事。明明自己不喜欢做的事，非要逼着自己去做，明明觉得自己做不到的事，还要勉强自己努力去做到，这样的事情是难以做到的。

本书是一本帮你重启心灵之门的智慧之书，它会告诉你，真正幸福、成功的人生来自练就强大的心灵，它帮助我们找到让心灵归位的方法，让我们每个人都能变得强大，能更好地去应对这个世界。

当然，本书并不能让我们的内心坚不可摧，但是它足以帮我们更加了解自己的内心，教我们掌握面对困境的方法，从而奋然前行。

编著者

2020年1月

目录

第1章

梦想是一针强心剂，让梦想成为心灵的支撑

对于很多懦弱的人来说，他们不仅内心充满恐惧，在行动上更是缺乏执行力，这是导致他们做事容易失败的原因，而他们之所以有这样的表现，很多时候，与他们缺乏一个强有力的目标有极大的关系。为此，我们要在年轻时就为自己树立一个强有力的梦想，因为年轻的生命就该是鲜活的，就该是意气风发的，是满怀信心的，是为梦想拼搏的。一个明确的行动目标，加上你的努力，相信你不但能实现梦想，更能淬炼出一颗强有力的心脏。

尽早树立一个足以为之奋斗的理想

我们都知道，喷泉的高度不会超过它的源头；一个人的成就不会超过他的信念。而我们所走的路，也不会比我们的思想延伸得更远，所以，如果我们想让行动领先一步，首先就必须要有野心。

如果你想活出一个不平凡的人生，如果你想成为一个成功的人，那么，从现在起，就尽早为自己树立一个足以为之奋斗的理想吧。一个连想都不敢想的人又怎么会成功呢？

美国钢铁大王卡内基，少年时代从英格兰移民到美国，当时真是穷透了，正是“我一定要成为大富豪！”这样的信念，使得他于19世纪末在钢铁行业大显身手，而后涉足铁路、石油，成为商界巨富。洛克菲勒、摩根也都是满怀欲望，并以欲望为原动力，成为资本主义初期美国经济的胜利者。

世界首富比尔·盖茨的格言是：“我应为王。”即使是屈居第二，对他来说，也是不可忍受的。他曾经对他童年要好的朋友说：“与其做一株绿洲中的小草，还不如做一棵秃丘中的橡树，因为小草任人践踏，而橡树昂首天穹。”

一些人之所以平庸，就是因为他太容易满足而不求进取，他一生只会盲目地工作，挣取足够温饱的薪金。只有进取的人才会进步，也才会获得荣誉，证明自己。

从现在开始，不妨具备一点野心吧，有了获胜的念头，才有可能获胜，一个没有胜利欲望的人，又怎么可能获得胜利呢？

为什么在现实中有些人受人敬重，有些人被人看不起甚至被人踩在脚下？前者是因为他们有野心，凡事努力；而后者，他们得过且过，即使掉在队伍后面，也不奋起直追，这就注定了这类人无法成大事。有野心，是一种积极向上的心态，它为所有人创造了一种前进的动力。在很多时候，成功的主要障碍，不是能力的大小，而是我们的心态。

上帝赋予我们聪明的头脑和结实的肌肉，不是让我们成为失败者，而是让我们成为伟大的成功者的。因为成功者永远有超出众人之外的、敢于力争第一的心态。力争第一，如同成功道路上的一盏明灯，指引人们永远向着光明的前方奋进。

当今社会，人与人之间的竞争愈发激烈。每个人都必须具备竞争意识。而如果我们想提升竞争力，在竞争中脱颖而出并走向成功，还必须具备一个前提条件，那就是志向和“野心”，这是我们不断努力、不断进取的动力。

“野心”是人类行为的推动力，人类通过拥有“野心”，可以有力量攫取更多的资源。没有志向的人是可悲的，就像一只无头的苍蝇，不知道前方的路在哪里。

总之，如果你希望自己能够得到重用，如果你希望自己成为一个成功的人，如果你不甘于平庸，就一定要有“野心”，要发自内心想争第一。这样在你的意识中你会有信心做到完美，你的个性也才会真正成熟起来。相反，不想做得更好，就会做得更差。如果你自甘沉沦，不追求卓越，懒得提高自己能力，那么，你是不会有所进步的。

与其抱怨，不如奋起行动

英国著名作家奥利弗曾说：“与抱怨的嘴唇相比，你的行动是一位更好的布道师。”面对生活里的不如意，人们最普遍的习惯是埋怨，不停地埋怨，埋怨父母不理解，埋怨社会太现实，埋怨朋友的欺骗，埋怨上天的不公，于是，埋怨成为了一种习惯，然而，那些不如意的事情、悬而未决的事情并没有得到真正的解决，自己的情绪反而变差，结果，心中的怨气阻碍到前进的路途，陷入了恶性循环。成功只会垂青那些积极主动的强者，只要你敢于担当，勇于接受来自生活的挑战，那么，任何艰难险阻都会变成坦途。真正的强者从来不埋怨，他们总是会把那些消极的想法从内心中扫除殆尽，让自己的内心充满阳光、充满希望。

罗斯福说：“未经你的许可，没有任何人能够伤害你。”有的人自己办不了事情，别人办了漂亮事，他还会到处埋怨：“其实我很有能力的”“他凭什么就能得到上司的重用啊”“这件事我会比他做得更好，可上司偏偏不找我”。但是，真正的结果呢，却是自己没有能力，心中才充满了怨气。真正的强者，他所致力的是如何解决问题、如何完成这件事情，而不是去埋怨上天的不公，所以，强者最后会在努力中赢得成功，而无能的人只能在埋怨声中销声匿迹。

一个人来到这个世界上，面对生活中的诸多不如意，只有两个选择：要么接受，要么改变。抱怨成为接受事实的一个阻碍，我们总是想道：这件事对我是不公平的，这样的事情怎么会发生在我的身上呢？我怎么能接受这样的事情呢？所以，一种强烈的倾诉欲望开始萌发：我要去对别人诉说，以此证明我的无辜和委屈。于是，在我们埋怨不公的时候，我们已经失去了去改变这件事情的机会。那么，当我们无休止地埋怨的时候，有没有想过比埋怨更好的解决方法呢？

失去什么，都不能失去希望

俄国著名作家特罗耶波尔斯基说：“生活在前进。它之所以前进，是因为有希望在；没有了希望，绝望就会把生命毁掉。”从这句话我们不难看出，希望是生活前进的引航灯。如果没有希望作为指引，我们的人生就将迷失在茫茫的大海上，没有方向。生活就是战胜一个又一个困难，就是不断地接受改变，坦然面对困境。如果心中没有希望，在面对坎坷不断的人生时，如何能够坚持下去呢？希望是暗夜里的星火，助我们燃起心中的灯，让我们在寒冷之中有一丝温暖；希望是冬天里的一把火，让我们心中希冀着春的到来，告诉自己，冬天已经来了，春天还会远吗？希望是初春时节萌发的新芽，带着鲜黄与嫩绿，让我们在明媚的今日畅想灼热的夏风；希望是……没有希望，生活将会变得了无乐趣；没有希望，人将会变得毫无志趣。希望，是生命不可或缺的动力之源。

希望的能力，在我们深陷绝望的时候，会成倍地放大。美国作家艾默生说，希望如不是置身深渊的大海上，就绝不能展开其翅膀。对于绝望之中的人来说，希望就像光，指引他们奔向新生。如果没有希望的指引，人们就无法从绝望的深渊中挣脱出来；如果没有希望的鼓舞，原本被绝望折磨得精疲力尽的人们，就无法恢复奋斗的力量。希望是精神的食粮，能够给我们带来巨大的能量，让我们瞬间恢复生机勃勃。

凡事都有利弊，虽然希望的力量如此巨大，但是如果出现得不是恰到好处，也许会起到相反的作用。英国哲学家培根说，希望是很好的早餐，却是很糟的晚餐。我们应该在清晨随着太阳的升起燃起希望的光，指引自己在一天之中努力拼搏，向着心目中的理想奋斗。然而，却不能将其作为虚度一天的借口，在夜晚到来时才以希望安慰自己荒芜的心田。否则，希望就会像一剂毒药，在每个夜晚到来的时候消磨我们的斗志。

聪明的人会在自己心里种下希望，即使外面是数九寒冬、大雪纷飞，我们心里也要温暖如春，充满希望。人生的希望永远指引着我们前进的方向，真正的希望就在我们心里，永不褪色。

从现在开始就尝试着提前实习

对于生活，每个人都有自己的幻想和憧憬。但是，理想虽是丰满的，现实总是骨感的，我们真正从现实走向理想，还需要漫长的时间。成功是没有捷径的，因而，你必须非常努力，才能一步步通往自己的梦想和理想。在这种情况下，除了信心、勇气等之外，有没有其他的办法能够帮助我们更快地实现梦想呢？

还记得对孩子的督促和激励方法中，有个神奇的赞美法吗？使用这个赞美法的方法非常简单，你只要按照自己所期望的那样去赞美孩子，孩子就会渐渐地接近于你赞美他的样子。当然，这个办法不但适用于孩子，也同样适用于成人。例如妻子对丈夫的潜移默化的改造，也常常使用这种方法。同样的道理，如果你把这个思路转移到对自我的激励上，就不妨采取一个很有趣的办法督促自己，即从现在开始就像自己憧憬的那样去生活，即预支生活。举个最简单的例子，假如你希望自己能够成为一个受人敬仰的律师，那么你从现在开始就可以尝试着养成律师的生活和作息习惯，培养自己具备律师精明干练的风度。假如你想成为一名演员，那么你也可以从现在开始就培养自己的演员气质。当然，这里的预支生活，并不仅仅限于你想成为什么样的人，也可以泛指生活的状态。例如，你一直梦寐以求过精致的小资生活，但是经济条件远远没有达到小资的水平，其实你还是可以模仿小资生活的，因为小资是一种情调，并非必须有大量的金钱作为支撑。再如，你想成为单位里的业务骨干，那么你现在就可以让自己像一个业务骨干，吃苦在前，享乐在后，而且有任何技术问题都刻苦钻研，而不要等到真正成为业务骨干之后再去努力，否则就会遥遥无期。如此一来，当你真的像你憧憬的那样去生活，你就提前进入了未来的生活，从而也能够更加接近自己的梦想。

在电影《神迹》中，维维安因为家境贫穷，从高中时期就开始勤工俭学，努力为自己积攒学费。然而，他辛辛苦苦攒了好几年的钱，却因为银行倒闭而分文无归。无奈之下，维维安只得从事最低级的工作，以维持生计。后来，他偶然进入巴洛克教授的实验室工作，主要负责清洗试验器具。对于维维安的工作表现，巴洛克教授开始时并不满意。他甚至认为维维安笨拙的双手并不适合做清洗工作，但是最终维维安却通过努力证明了自己的能力。除了圆满完成工作之外，维维安还很努力地利用闲暇时间攻读医学书籍。最终，巴洛克被维维安对于医学的热爱所感动，让维维安当他的助理。这份助理工作，维维安干了很久很久。

维维安在巴洛克身边做着真正的助理工作，不但没有任何名分，而且薪水特别低。最可怕的是，在那个种族歧视特别严重的时代，维维安还要忍受他人的鄙视和白眼。当时，恰逢巴洛克教授正在研究对紫绀病的治疗，急需助手。在大家都不认为紫绀病能够治愈的时候，巴洛克教授在维维安的大力支持和协助下，成功地以狗作为试验对象，证实了血流的方向是可以改变的，最终给紫绀病患者带来了福音。他们在研究过程中，配合越来越默契，操作越来越熟练。在给真正的病人进行手术时，维维安必须时刻站在巴洛克的身后，在重要的时刻指导和纠正巴洛克的失误。然而，因为黑人的身份，巴洛克在任何庆功或者露脸的场合，从来不会提到维维安的名字。甚至是在发表的诸多论文上，也只有他一个人的名字。为了参加庆功会，维维安不得不伪装成仆人的样子，才能混入会场。这样的悲哀，让人心生难过。终于有一天，维维安气愤地离开了实验室。然而，没过几年，维维安就再次回到实验室，他再也不计较功名利禄，只为了能过上自己想要的生活——在实验室里与疾病做斗争。

直到若干年之后，曾经默默付出的维维安才得到医学界的认可，他的油画像与巴洛克的一起，悬挂在霍普金斯大学的墙壁上。

面对前半生的默默无闻、毫无名分，维维安始终因为对科学的热爱而默默忍受。即便在愤而离去之后的几年时间里，他也没有一刻忘记自己热爱的医学事业，最终又回到了实验室，继续过自己想过的生活。这样的预支生活，在他人眼里也许很傻，而维维安也不确定自己是否有功成名就的那一天。然而，仅仅因为热爱，他就愿意付出。功夫不负有心人，终于，维维安与巴洛克一起并列医学的至高殿堂。因为坚持去做，他最终成为了自己想要成为的人。

现实生活中，每个人对于生活都有不同的憧憬。例如有些女性想要嫁给一个好老公，因而自己从不努力。其实，这样的憧憬无疑是苍白无力的。任何时候，我们都不能把命运之舵交给他人掌管。我们唯有成为命运的主人，才能更好地把握自己的人生。任何时候，我们都要努力地为自己当家做主。对于无限渴望的生活，不如从现在开始就尝试着实习吧。相信只要你坚持不懈，就终有一天能够到达理想的彼岸。

勇敢面对，主动迎接命运的赏赐

从古至今，从未有人真正拥有完全顺遂如意的人生。每一个人从呱呱坠地开始，就踏上人生的旅途。随着年岁渐渐长大，我们逐渐迈入征途，因为人生中实在有太多的事情需要我们勇敢面对。正如人们常说的，人生不如意十之八九。没错，这还仅仅是对于普通人而言，很多成功者在成功之前，更是遭遇了很多挫折和磨难，甚至因为人生的难以预料，变得命运多舛，无法把控自己的命运。其实，对于人生，我们与其被动地逃避噩运，不如主动地迎接命运的赏赐。我们唯有勇敢面对人生，才能真正地主宰命运，才能实现自身的价值，达成人生的远大理想。

对于人生的旅途而言，越是艰难坎坷，我们就越能够得到成长。现代社会很多年轻人常常感慨命运多变，其实，命运原本就是反复无常的，我们无法改变命运，但是可以改变自己对待命运的态度，也可以不断提升和完善自我，从而让自己得到面对命运的勇气。大多数情况下，人生的成败并非取决于我们的选择，而是取决于我们面对坎坷境遇时能否坚持下去。假如我们不曾体验过失败的痛苦，不曾在失败中崛起，又如何知道成功来之不易，且更加珍惜成功，全身心投入地享受成功带来的乐趣呢？

常常会有朋友抱怨，现在的世界变得太快，就如同被快进的电影一样，使人无暇看清楚故事的情节和进度。也许，我们还没有看清楚眼前的这一幕，它就已经溜走了，这样我们根本来不及思考，也无法喘息。正因为如此，很多自以为是的人就决定得过且过、蒙混过关。这真的是最好的选择吗？其实不然。假如我们以蒙混过关的心态面对人生，最终我们会彻底失去对于命运的把握，也会导致我们的人生变得局促不安。所以真正明智的人，会理智选择自己对待人生的态度，从而把自己的人生变得更加坚实厚重，绝不如同无根的浮萍一样四处漂泊。人生需要扎根，需要脚踏实地，也需要一本正经。既然我们无法逃避人生，就勇敢面对人生吧！

很久以前，在西方国家偏僻的乡村中，有个男孩因为经受不住失恋的打击，最终抑郁成疾，一病不起。为了帮助男孩医治心病，有一天，父亲背起男孩，带着一团红丝线，经过艰难的跋涉来到沙漠附近的旅馆中。经过一夜的休息，父亲再次背起男孩带着红丝线，走向沙漠深处。直到两个小时后，父亲才在沙漠深处找到点点的绿色，父亲告诉伏在他肩膀上的男孩，说："这是卷柏。"男孩一点儿精神都没有，甚至连头都没有抬。

父亲走到一株卷柏旁放下男孩，然后拿出长长的红丝线，将其一头系在从附近找来的石头上，另一头则系在卷柏裸露的根部。做完这些，父亲背起男孩回到旅馆，男孩并不知道父亲的用意。转眼之间，一个星期过去了，父亲再次背起男孩去了沙漠深处。让男孩惊讶不已的是，被他们系上红丝线的卷柏，居然移动了。难道有人移动过它吗？男孩想来想去，自己这一个星期里始终和父亲在一起，那么会是谁干的呢？父亲却对此毫不惊讶。只见他拿起那块系着红丝线的石头，将长长的红丝线不停地卷在石头上，使石头与卷柏之间的红丝线越来越短，而后又将石头固定起来。做完这一切，父亲再次背起男孩回到旅馆，直到晚上入睡前，他才告诉男孩："卷柏的生命力特别顽强，每当它生存的地方缺少水分，它就会拔出自己的根部，然后滚到有水的地方扎根。"男孩认真地听着父亲的讲述，之后他问父亲："难道沙漠里有很多水源吗？"父亲笑而不语。接下来的日子，天气特别炎热，灼热的阳光似乎要把沙子都烤化了。男孩不由得惦记起卷柏，甚至猜测卷柏一定已经死了。又过去一周，男孩渐渐恢复体力，可以勉强行走了。父亲搀扶着男孩来到沙漠深处，再次找到了卷柏和那块石头。因为石头的固定，卷柏这次并没有找到适合扎根的地方，但是它也没有如同男孩想象的那样死去。只见它蜷缩着不断向上生长，努力地把根深深地扎入泥土中。父亲看到男孩惊喜交加的模样，说："在这个星期里，它肯定好几次拔出自己的根部，想要找到适合生长的地方。只可惜，它被石头拴住了，因而只能深深地把根扎入泥土中，这样才能找到水源。"

男孩喃喃低语："深深地把根扎入泥土中……"父亲正想说什么，男孩却突然欢呼雀跃起来，说："我知道了，我知道了！"父亲欣慰地笑了。

不管在什么情况下，逃避问题都是人类面对的难题。其实，人生就是要解决一个又一个困难，而且当人生越是艰难的时候，我们越是要迎难而上，唯有如此，我们才能最大限度地发挥自己的能力、激发自己的潜力，从而彻底改变人生和命运。

要知道，没有人的人生会是一帆风顺、一成不变的。然而，人生的意义恰恰就在于面对瞬息万变的生活，这样我们心中才能永远充满希望，也才有勇气勇敢面对人生。否则，一旦我们逃避，随之而来的非但是无法解决问题的窘境，而且有可能使人生变得更加艰难。记住，我们唯有勇敢面对人生，才能成为命运的主宰。

大胆尝试，改变自己的命运

很多人处于贫贱之中，为什么没能做出什么成就？如果一个人屈服于贫贱，那么贫贱将折磨他一辈子；如果一个人性格刚毅，敢于尝试，不怕冒险，他就能战胜贫贱，改变自己的命运。

所以，如果你渴望成功，渴望获得荣誉，就不妨从现在起，开始为你的目标积极思考吧。不要认为你办不到，不要存有消极的思想，你潜在的能力足以帮助你实现它。

当然，除了要有积极的思维方式外，成功的另一大重要因素是注重基础的积累。

有人问洛克菲勒："成功的秘诀是什么？"他说："重视每一件小事。我是从一滴焊接剂做起的，对我来说，点滴就是大海。"的确，不关注小事或者不做小事的人，很难相信他会做出什么大事。做大事的成就感和自信心是由做小事的成就感积累起来的。一切的成功者都是从小事做起，无数的细节就能改变生活。成功者之所以成功，在于他们不因为自己所做的是小事而有所懈怠。

因此，你始终要记住的是，无论你的目标有多大，你都需要从小事做起，从手头工作开始。平庸和杰出的差距就在一些细节中，这是一个细节制胜的时代，对于自己的工作，无论大小，都要了解得非常透彻，数据应该非常准确，事实也应该非常清晰，这样才能脚踏实地完成宏伟的目标。

的确，很多小事，你能做，别人也能做，只是做出来的效果不一样。往往是一些细节上的功夫决定着事情完成的质量。

毫无疑问，每个人都渴望成功。但成功要靠一步步的积累，一个人能否成就卓越，取决于他是否做什么事都力求做到最好，其中自然也包括那些再平凡不过的小事。事实上，会利用机会的人，往往不是那些把机会奉为神明的人，他们从没把希望寄托在机遇上，他们知道，大事业是从小处开始的，他们明白，一砖一木垒起来的楼房才有基础，一步一个脚印才能走出一条成功的道路。

第2章

给自己充分的心理暗示，相信自己你就可以

心理学家称，人是很容易被暗示的动物，我们也总是接受着各种积极的和消极的暗示，我们有必要摒弃消极暗示的伤害，而要善用积极暗示的力量，以此来给自己一些正能量。的确，我们都知道，人不可能永远心想事成，生活中既然有挫折、有烦恼，就会有消极的心态和情绪。一个心理成熟的人，不是没有消极情绪的人，而是善于调节和控制自己的人。心理学家指出，给自己的潜意识积极正面的暗示能帮助人们改变心理状态，可以给人精神动力。

每个人都不知不觉受到来自周围的暗示

心理暗示是人受到外界、他人或自身的愿望、观念、情绪、判断、态度影响的心理特点，是人们日常生活中，最常见的心理现象。

在现实生活中，有一些人的情绪波动较为明显，他们总是在一会儿高兴、一会儿烦躁的情绪交替中生活。思考一下，你是否发现过这样的现象：休假时，快快乐乐到超市买东西，回到家一清点，发现有一些是可有可无的，连自己都不知道为何会买这些东西；我们本来对某个人没有什么印象，等过了一段时间后却觉得他面目可憎；早晨到了办公室，本来精力充沛、心情愉快，过了一会儿却变得烦得要命。

这种莫名其妙发生的变化，从心理学角度来看，一点儿也不奇怪。因为你受到了周围环境的暗示，不知不觉就产生了与之相应的行为与心情。

心理暗示在本质上，是人的情感和观念会不同程度地受到别人的影响。人们会不自觉地接受自己喜欢、钦佩、信任和崇拜的人的影响与暗示。其心理机制是外界影响不知不觉中渗入个体的内心，在潜意识层面形成一种心理倾向，可转化为心理能量支配个人的行为或心理。

每个人都会受到心理暗示的影响。很多时候，别人的一句话、一个眼神、一个动作，自己的一个想法、一个问题、一种态度都会对自己的心理造成影响，最终表现为一种积极或消极的心理暗示。例如老师对孩子的积极期待，领导对下属的适当赞扬，都可以像曹操对士兵所描述的“一大片梅林”一样，让被暗示的对象精神为之大振，信心膨胀。

俄国心理学家巴甫洛夫认为：暗示是人类最简单、最典型的条件反射。它总是被人们有意无意地广泛应用。对于普通人来说，自我的心理暗示多表现在潜意识的活动里，通常表现为心态的变化和作用。拥有积极的心态，往往会给出积极的暗示，使自己或他人得到战胜困难、不断进取的力量；反之，拥有消极心态，则会使自己或他人受到消极暗示的影响，变得冷淡、泄气、退缩、萎靡不振等。俗话“良言一句三冬暖，恶语伤人六月寒”，说的就是这个道理。

消极的心理具有破坏性的影响

心理暗示具有难以预测的力量。它是一种启示、提醒和指令，它会告诉你注意什么、追求什么、致力于什么和怎样行动，因而它能支配和影响你的行为。个人可以经过积极的心理暗示，主动地把成功的种子和创造性的思想灌输到潜意识的大片沃土里。相反，也可以灌输消极的种子或破坏性的思想，而使潜意识这块肥沃的土地满目疮痍。

消极的心理暗示，往往会带来巨大的负面作用，有时甚至会让人失去自我。在现实生活中，消极的心理暗示很容易让人把事情弄糟。

一般情况下，大多数人都有可能在某个时期的某个特定情景下出现一些暂时性的消极心理，如有的中年女性因更年期来临而出现嫉妒、压抑和情绪不稳定等消极状态；有些孩子因受家庭的影响表现出狭隘、自私等消极心理。如果这些消极的心理状态不断强化和积累，严重到一定的程度，变成一种相对稳定的心态，此时其心理和行为就会与周围其他人有明显的相对稳定的差异，就会对事物产生一些反常的、特殊的，或者过于亢奋、过于消沉的行为反应，因而就会对生活和工作产生严重的消极影响。

很多人为了追求成功和逃避痛苦，都会不自觉地使用各种暗示的方法，如困难过大时，人们会相互安慰：“快过去了，快过去了。”从而减少忍耐的痛苦。人们在追求成功时，会设想目标实现时非常美好、激动人心的情景。这个美景就对人构成一种暗示。这种暗示是主动的、积极的心理暗示，它能引导人向更加美好的方向发展，这也是克服消极心理的一种很好的方法。

现实生活中，有的女孩儿总是觉得“人家不喜欢我”，到头来发现，大家果然不再喜欢她了。因为她总是这样暗示自己，大脑的意识就停留在她那些不好的方面，她的行为就难以逃出这些不好的方面。在消极心理的长期作用下，她就会让自己的情绪越陷越深。与其相反的是，如果在这种状态下，多回忆愉快的事情，多想想自己被别人肯定的场景，用微笑来激励自己，人的心情和精神面貌就会大不相同，当然，笑要真笑，要尽量多想快乐的事情。为什么“自卖自夸”的人会容易成功，这是因为他们能用肯定的方式使自己变得自信，并感染他人，使自己变得成功。这种肯定自我的心理，是对抗消极的心理暗示的良方。

经常暗示自己：我能做自己想做的人

成功者总是给自己这样的心理暗示：我要怀有梦想，并努力实现它。

很多时候，一个人所取得的成就，是在不断坚持中获得的。而这种坚持的动力，则来源于对自己的肯定。成功者经常积极地暗示自己：我能做自己想做的人。

现实生活中很多人总觉得自己的梦想遥不可及，努力奋斗了几天，就轻言放弃，或者改变了初衷，选择一个看似容易达成的目标。而他们这次努力的结果总会和上次一样。

心理学家告诫这样的年轻人，人的心理具有很强的适应性，你期望自己达到什么样的高度，实现怎样的目标，只要你坚持，在心里不断调适，调动积极的情绪，你的理想就不难实现。而那些轻易就放弃努力的人，心理的高度也只会停留在起步的阶段。

只有自信才能赢得别人的信任

细心的人会发现，成功的人大多很自信。所谓自信，就是相信自己。为什么自信能够激励我们走向成功呢？自信的人首先都非常了解自己，正因为了解，所以他们才变得自信。他们能够接受自己的很多方面，不管是优点还是缺点，从而做到与这些特性和谐共生，扬长避短。常言道，金无足赤，人无完人。在这个世界上，没有绝对完美的人。面对自己的不完美，自卑的人会因此而对自己失去信心，自信的人却能够正确认知自己的缺点，从而弥补自己的不足，发挥自己的优势。如此良性循环，自信的人会渐渐变得接近完美，自身不断成长和成熟。

自信的人往往很坚定。因为他们相信自己，所以对自己所做的选择，总是勇往直前地去实现。他们从不退缩，因为他们知道自己的决定是经过深思熟虑做出来的，他们知道自己的选择是正确的，所以，他们在奋斗的过程中更加坚定不移，更有韧性，更义无反顾。即使在奋斗的过程中遇到困难，他们也会告诉自己困难只是暂时的，胜利就在前方。因为强烈地相信自己，因为迫切渴望证实自己，信心总是能够激发出他们的潜能，激发出他们巨大的能力，帮助他们走向成功。

在生活中，我们常常渴望得到别人的认可。我们做很多事情，都不能凭借一己之力获得成功，而必须借助于团队的力量。因此，在现代职场上，如何融入团队，获得团队里其他成员的认可，成为我们获得成功的关键因素。想要成为团队的核心人物，我们必须获得其他队员的信任，而获得其他队员的信任的先决条件就是，我们必须自信。试想，如果一个人自己都不相信自己，别人又怎么会相信他呢？自信，是赢得别人信任的先决条件。自信的人有着与众不同的魅力，他们勇敢而又果断，处事不惊，有自己的想法和决断力，从不动摇。这种魅力吸引着大家聚集到他的身边，与他同心协力，走向成功。

敏昊是一位非常优秀的新闻记者，在业界小有名气。谁都不知道，如今口齿伶俐的敏昊，小时候是一个口吃的孩子。敏昊的口吃是有原因的。敏昊从小和奶奶在河南老家长大，他的父母都在北京工作。直到敏昊6岁的时候，才被父母接到北京生活。然而，敏昊一口河南话，让他在入学之后经常被同学们嘲笑。渐渐地，年幼的敏昊产生了自卑心理，一张口说话，就会非常紧张，最终变成了一个小结巴。后来，敏昊就很少说话了。课堂上，他从不主动举手回答老师的提问；课间，他也不和同学们玩，而是一个人默默地坐在那里看书。直到初中时，敏昊的普通话才有所改观，不过依然有着河南口音。

为了帮助敏昊树立自信，爸爸妈妈为他报名参加了夏令营。正是这次夏令营，让敏昊找回了自信，再也不自卑，所以才能成长为优秀的新闻记者。

在这次夏令营中，敏昊被老师指定担任连长。要知道，连长负责管理二十多个调皮捣蛋的孩子，这让敏昊受宠若惊，他暗暗告诉自己："我一定不能辜负老师的信任，一定要当好连长，带领大家在比赛中夺得好成绩。"果然，敏昊再也不顾及自己的河南口音普通话，而是义无反顾地带领着连里的战友往前冲。不管任务多么艰巨，他都一马当先，吃苦为先。最终，他们连在本次夏令营结束的时候，被评选为"尖刀连"。即将离开夏令营的敏昊问老师："老师，你为什么把那么艰巨的任务交给我呢？"老师抚摸着他的头，说："因为你可以胜任这份工作。"从此，敏昊坚信，自己具备很多优秀的品质，能够担当重任。他找回了自信。

一次夏令营，改变了敏昊的一生，因为他变成了一个自信的人。自信的力量就是如此强大，自信的敏昊带着队友们冲锋陷阵，一马当先，形成了很强的团队凝聚力，所以才能夺得"尖刀连"的荣誉称号。

在职场上，也是如此。很多在领导岗位的人都不知道如何增强团队凝聚力，其实，要想成为团队核心人物，首先要自信。你的自信会感染团队里的其他成员，让他们和你一样，变得一往无前。

与其对抗世界，不如改变自己

在生活和工作中，我们一定会遇到自己不喜欢的人。他们或者是我们的邻居，或者是我们的上司，或者是我们曾经的朋友，甚至是无法让我们满意的孩子。我们忍无可忍，终于将他们视为仇敌。殊不知，他们依然好好地做着自己，而我们一切的苦恼都源于我们的内心，不肯原谅别人，也不肯宽宥自己。从这个角度来说，我们生活得是否幸福，其实取决于我们的内心。既然我们不能改变客观存在的世界和他人，我们为何不能改变自己呢？记得有句歌词唱道："心若改变，世界也为之改变。的确，和改变别人相比，改变我们的内心无疑是更容易的。换言之，我们想要怎样改变外界，首先应该相应地改变自己。"

对于人生而言，最大的乐趣莫过于通过自己的拼搏和奋斗得到自己想要的一切。因此，我们无须为了自身存在的缺憾而遗憾，因为我们还有很长的时间可以改变和完善自己。我们也无须羡慕别人拥有的比我们更多，因为在看不到的地方他们一定付出了加倍的努力。命运把握在我们自己手中，对于任何人而言，最大的敌人都是自己。我们只有超越自己，才能真正获得成功。

对于生活的现状，蒂娜总是充满了不满。当初，她不顾家人的反对嫁给了和她爸爸年纪相仿的成功人士张亮，从此开始锦衣玉食的阔太太生活。张亮的确对蒂娜很好，不管蒂娜想要吃什么、喝什么、穿什么，张亮都无条件地满足她。然而，曾经物质匮乏的蒂娜在获得物质上的极大满足后，很快就开始对物质感到厌倦乏味。看着人到中年的张亮，正如鲜花般绽放的蒂娜总是感到无限悲哀，甚至有时候她想要出去旅行，张亮都觉得力不从心，不愿意四处奔波，只想待在家里安享天伦之乐。尤其是在他们的儿子皮皮出生之后，张亮更觉得自己人到中年，只想安稳。为此，蒂娜怨声不断。

在生完儿子后的一年中，蒂娜患了严重的忧郁症。她看谁都不顺眼，尤其是当看到半大的继子满屋子晃荡时，更是担心他对皮皮做出什么不好的事情来。渐渐地，蒂娜的脾气越来越古怪，甚至开始疑神疑鬼，几乎每天都要呵斥保姆，还会找各种理由与张亮吵架。终于，张亮感觉到蒂娜的反常，建议她去看心理医生。在心理医生的疏导下，蒂娜渐渐意识到自己始终保持着对抗的状态，而要想得到真正的幸福，就应该发自内心地接受。就这样，蒂娜开始改变心态。对于继子，她也不再像防贼一样防着，而是相信继子能够成为一个好哥哥。至于张亮，无论如何都是她自己选择的人生伴侣，虽然不像年轻人那样精力充沛，但是他却给予了她关怀和爱，给了她无微不至的照顾和优越的生活条件。想到这里，蒂娜怀着感恩之心对待家里的每个人，自己的心情也渐渐好起来。很快，那个青春、阳光、善良的蒂娜又回来了，家里再次充满欢声笑语。

蒂娜的生活是苦闷的，尤其在生完孩子激素失调之后，生理和心理的双重原因，更使得她情绪低落、郁闷烦躁，简直不知道如何对待身边的人。也因此，整个家庭的氛围都变得异常紧张，这也给张亮带来了很多烦恼。幸好张亮及时发现问题，建议蒂娜去咨询心理医生，接受心理治疗。果然，在心理医生的开导下，蒂娜改变了心态，怀着感恩之心对待张亮，怀着宽容之心对待继子，最终她找回了内心的宁静。这样一来，虽然外界的客观环境并没有明显的改变，但是蒂娜的心情却完全改变了。她从抑郁到快乐，重新找回了属于自己的人生。从这个事例中我们不难看出，其实我们对于外界的反应完全取决于我们的内心。正如一位名人所说，这个世界上并不缺少美，而只是缺少发现美的眼睛。假如我们能够积极地调整心态，让自己拥有真善美的心灵，那么折射在我们心中的整个世界，都会变得美好无比。

当我们企图与整个世界对抗时，不如认真地反思自身。对于任何人而言，最大的敌人都是自己。既然如此，与其耗费时间和精力试图改变别人、改变世界，不如从现在开始尝试着努力改变自己。这样就能减少无用功，使得改变事半功倍、卓有成效。

暗示自己，你可以获得幸福

心理暗示在日常生活中随时随地都可以看到，它是用含蓄、间接的方式对人的心理状态产生影响的过程。一般而言，暗示又分为他人暗示和自我暗示，当遭遇不公平待遇时的积极心理暗示是一种自我暗示，即自己把某种观念暗示给自己，并使它实现为动作或行为。自我暗示的作用是巨大的，它不仅能影响自己的心理与行为，还能影响到我们的生理机能。另外，只有积极的心理暗示能起到增进和改善的作用，反之，消极的暗示能扰乱我们的心理、行为以及生理机能。当你习惯性地想那些快乐的事情，你的神经系统就会习惯性地令自己处在一个快乐的心态，这时你会发现幸福是触手可及的。

积极暗示心理学家马尔兹说：“我们的神经系统是很‘蠢’的，你用肉眼看到一件喜悦的事，它就会做出喜悦的反应；看到忧愁的事，它就会做出忧愁的反应。”于是，积极的暗示产生积极的心态，消极的暗示产生消极的心态，对我们自己来说，应尽量避免运用消极的暗示。

习惯于幸福的人会在每天对自己说：“今天的天气真好，一切都会顺利的。”而不幸的人会说：“今天一切又不会顺利。”有时候，幸福对于我们来说只是一种选择，谁也不能决定你的幸福，只有你自己。

幸福隐藏在琐碎的事情之中，就如同点点粉末撒在日常事物之中，当我们的眼光太过于高远，就看不见那些随处飞扬的尘埃。所以，别计较太多，如果我们每天都在细数着自己身边的幸福，那么，幸福的指数就会一直上升，最终成为一种习惯，伴随我们左右。

第3章

别不好意思，大胆使用说“不”的权利

人生在世，谁都不是独立存活于世的，任何人，不论地位高低，身份贵贱，总会碰到一些求人的事。帮助朋友解决问题是我们理所应当的责任，在我们的身边，总会有一些好朋友，他们会遇到一些自己难以办到的事，自然要向旁人求助。如果我们能办到就应尽最大的努力去办，而假若朋友提出的某些要求过分，不是我们个人力所能及的，那么，我们就要懂得拒绝的必要性。

懂得拒绝至关重要，别不好意思

确实，对很多人而言，要想说出“不”，简直比登天还难。在日常交际中，对于同事、同学或朋友的要求，很多人都有一个说不出“不”的心理。有时候甚至宁愿自己吃亏也不拒绝，这是许多中国人的好面子心理——不好意思拒绝。拒绝是一门学问，有些时候，我们本来想拒绝，心里已经很不乐意了，不过却点了头，碍于一时的情面，却给自己留下许久的委屈。所以，懂得拒绝至关重要，有利于提高我们的工作效率和生活质量。

因为不好意思拒绝，所以总会有接踵而来的请求，他们成为了人们熟知的“老好人”。所谓的老好人，就是不管别人提出什么要求，哪怕是极其不合理的，他们总是照单全收，努力去完成对方的请求。当然，他们在做老好人的时候，不会拒绝别人的要求，无底线、无原则，哪怕超出自己的能力范围的事情，也总是应承下来。如果真的是这样，那老好人的内心注定是痛苦的，而且形成了一贯的心理定式：我对每个人那么好，他们才不会讨厌我，才会喜欢我。

在日常交际中，只要有人与人的交往，就会有拒绝的言辞。我们作为社会的主体，应该把握自己的内心界限，在该拒绝时一定要拒绝，不要考虑太多，也不要总觉得自己生来就是应该为人服务的，想想自己的感受，把拒绝的话自然说出口，自己可以轻松很多。人情是自然存在的，只要我们能够合情合理地说出自己的想法，想必对方也会体谅，这根本不会影响到彼此之间的关系。假如对方真的因为一个拒绝而讨厌你，不愿意与你继续保持友好的人际交往，那这样的朋友也是不值得交往的。

村里有一个人向老唐借一间房子放玉米，本来，房子给别人放玉米，很快就会把房子搞坏。当时，老唐为了不使这个人扫兴，便含蓄地对他说：“我这间房子的地板已经坏了，玉米放在上面，会发霉变质的。我把地板弄好了再说吧。”这样，老唐就委婉地把这件事给拒绝了。

善于拒绝，是日常交际的一种生存技巧。不拒绝，不仅会耽误自己的时间与精力，而且还会影响到自己的生活和工作，更有甚者会直接损害自己的身体健康。再者，不拒绝会使自己长时间处于一种痛苦的心理。而懂得拒绝，首先获得了一个身心放松的机会。拒绝之后，你可以把更多的时间和精力放在自己专注的事情上，以获取生活与事业的成功。

一位老王曾经批评过的下属，在过春节时与老王碰到了。当时，下属买了几斤羊肉和几斤羊骨头，他看到老王后，马上跑过来说：“我最喜欢用羊骨头煲汤喝的，今天这几斤羊骨头送给你，作为我的春节拜年礼。”老王马上接着下属的话茬说："这羊骨头既然是你最喜欢的，送给我实在太可惜了，还是你自己留着吧。"

老王这种顺水推舟的拒绝，显得非常有涵养，既达到了断然拒绝的目的，又不至于伤害对方的面子。当然，如果你实在不好意思拒绝，首先要微笑不语。在日常生活中，当对方向你提出某种不合理的要求时，你想拒绝又一时说不出理由，假如直接说"不"，估计对方一时接受不了。假如不拒绝了，又使自己难为情。在这样的情况下，说"行"也不行，说"不行"也不行。那么就以微笑来应对这个问题吧，当对方把不合理的要求说完以后，回报给对方一个微笑。这个微笑，既可以缓和紧张的情绪，不至于让对方难堪，又可以使自己免去言语不周而导致的许多麻烦。

如何让自己做到好意思拒绝呢？

1. 为什么无法拒绝

如果你没办法拒绝别人，那原因是什么呢？是想全方面地展现自己的能力吗？还是想争取这次机会？又或者是不想别人抢去自己的功劳？如果这些都不是理由，那应该是心理方面的原因。是其实自己很想拒绝，却实在找不到很好的借口？还是尽管理由很充分，但自己脸皮太薄不好意思说出口？要想懂得拒绝，需要从源头上解决问题。找到了原因，自然可以对症下药。

2. 适时考虑到自己

有的人做事很少考虑到自己的利益，总会想到别人的需要，这就是出发点的问题。如果我们可以每件事都以自己的利益为出发点，在这样的基础上再去考虑其他人的感受，那自己就有足够的勇气去拒绝，甚至提出自己的要求。

3. 对方自己就可以解决问题

有的人之所以会答应对方的请求，是因为他以为对方确实没有能力解决这个问题，所以才向自己求助，无形之中夸大自己的能力。事实上，我们应该考虑，对方也有一定的能力，他只是不想自己去做而已。所以，我们在拒绝时，要相信对方能把事情做好，然后将自己的想法告诉他。

4. 为了健康也要把“不”说出口

不懂拒绝，长时间下去会给自己的身体带来很大的伤害。毕竟长时间违背自己内心的愿望，总去做一些言不由衷的事情，无形的压力会累积在心里，并产生一定的情绪效应。例如在公司总是无原则地答应老板安排的事情，回家之后就将气撒在家人身上。如果没通过合理渠道发泄这些不良情绪，那整个人就变得沮丧、焦躁不安。所以，为了自己的健康，要善于拒绝。

5. 索取应有的报酬

如果实在无法拒绝，那就必须有权利意识，在不好意思拒绝的同时，索取应有的报酬。例如，有的职场新人在工作中承包了所有的工作，承担了所有的大事小事，而且做得很好，却没办法得到应有的回报，这时可以主动向上司提出加薪的要求，或者拒绝自己分外的工作。

唯唯诺诺是源于内心的不自信

任何时候，我们都应该自信而勇敢地追求自己的人生，不以唯唯诺诺的行为来敷衍了事。唯唯诺诺是形容人很没有主见，心中没有主意，总是一味地顺从，恭顺听话，对一些既成的事实深信不疑，缺乏一定的怀疑精神。在这种人身上时常显露出这样的特点：嘴里好像从来不说“不”，总是说“好”“是的”；面对他人的提问，只点头不摇头。也许，有人会问：难道他们就没有自己的想法和立场吗？当然不是，他们之所以唯唯诺诺是源于内心的不自信，以及缺乏表露想法的勇气。这样的人更不擅长拒绝，所以原本属于自己的世界被他人入侵了。

老张是公司的老员工，辛辛苦苦工作几年了，职位却一直没有变。在平时的工作中，他认真负责，与身边的同事相处得也比较和睦，对上司更是敬重有加，不过，进入公司快10年了，许多比他晚进公司的同事都得到了晋升，只有他还在原地踏步。同事戏谑地问他：“对你的工作挺满意吧？”他总是乐呵呵地回答：“是的。”在与同事相处中，遇到不同的意见，老张对这位说：“是，你说得对。”回过头，他对那位也说：“对，你说得没错。”这样没有立场的说话态度，让同事感到很扫兴。

实际上，老张并没有发现自己没有得到重用的原因就在于自己唯唯诺诺的性格，不管是与上司打交道还是和办公室的同事相处，他从来都是一副唯唯诺诺的样子。这点可以从他说的话看出来，如他总是说“是是是”“好好好”，从来不会有反对的意见。刚开始同事接触到他，以为他这样的性格是由于陌生的关系，不想得罪人。时间长了，与同事都熟络了起来，他还是这样的性格，同事就觉得很讨厌了，而且，总觉得他这个人比较“虚伪”，不愿意与之交往。上司觉得老张没有自己的想法，只会一味地顺从，这样的人对公司将不会有很大的帮助，于是就一直没有重用他。

在公司，没有谁与老张能够谈得来，因为大家觉得他这种模糊的表达方式，唯唯诺诺的个性让自己非常不舒服。所以，最后老张既没有得到领导的赏识，也没有获得同事的好感，而且还非常令人讨厌。

即使恭顺比较讨上司的喜欢，但是不懂拒绝、一味地服从只会让上司感到厌烦。在更多的时候，上司希望下属能够有自己独到的见解，这样才能看清楚一个人的价值。如果在任何时候都显得唯唯诺诺，不敢表露自己的真实想法，如老张这样的下属将不会得到重用。对于那些唯唯诺诺的人，他们身上还会显露一个特点：做事犹豫不决，缺乏勇气。通常去做一件事情的时候，他们无法相信自己的判断，以至于最后他们没有勇气去做这件事情。

福特汽车总裁菲利普说：“假如缺乏冒险精神，今天就没有了电源、镭射光束、飞机、人造卫星，也没有盘尼西林和汽车，成千上万的成果将不可能存在。如果生活在一个没有冒险的世界里，我们必将面临重重危机。”所以，放下自己的唯唯诺诺，才能塑造充满勇气的智慧人生。

在日常生活中，我们不能老是说“是”，还需要善于说出“不”。有的人害怕说“不”，结果不仅使自己陷入尴尬，还会使对方有所误会，甚至造成彼此之间的关系出现裂痕。有人抱怨“那些拒绝的话怎么说得出口”，其实，拒绝并不意味着一定会造成伤害，我们之所以不敢拒绝，是因为存在一定的心理障碍。

周末，好友芳芳热情地找上门来，对扬扬说；“放假了，好不容易有点休息时间，走，我们一起出去玩玩吧！”扬扬面露为难的神色，芳芳又接着说：“听说江边那家书店到了好多新书，咱们去一睹为快。”说完，拉着扬扬就要走。可是，扬扬还有不少事情没有做，而且妈妈出差在外，爸爸早上出门时，告诉她抄表员要来查水表，让她在家别离开。这真让扬扬为难，一时之间，拒绝的话难以说出口。

面对芳芳的热情邀请，扬扬不答应怕拂了好友的面子，但她又实在不能出去玩。于是，她陷入两难的境地。拒绝的话说不出口，最关键的原因在于自己的心理障碍，那么如何消除自己的心理障碍？

1. 拒绝是一种自卫

有时候，别人提出的可能是一些不合理、不合适的要求或者自己根本不愿意去做的事情，这时候，拒绝其实是一种自我保护。例如，自己的胃比较娇惯，吃不惯辛辣的食物，面对来自重庆同事的邀请，你可以委婉拒绝“那我吃饱了再去餐厅找你们，我吃不惯火锅”。

2. 拒绝是一种智慧

或许你明明知道某位朋友是借钱不还的那种人，但面对他借钱的要求，你还是不好意思拒绝，那最后吃亏的只能是你自己。所以，面对他提出的借钱要求，大可以拒绝“我的工资都是妈妈帮忙管理的，我每天就拿点吃饭的钱，实在不好意思”。

3. 大胆说出“不”

可能，在很多时候你都习惯说“是”，于是，身边的人都认为你是个很好说话的人，经常会忽略掉你的意见。那么，不妨大声说出“不”，勇敢地表达出自己的意见，定会为你的形象加分不少。

拒绝是一门艺术，需要巧妙说出口

在日常生活中，我们都不可避免地遇到需要拒绝的人或事，面对别人提出的不合理、不合适的要求或者自己不愿意去做的事情，这时需要我们大声说“不”，不要以为自己就是受欺负的，不要以为自己总是要对别人言听计从。虽然拒绝是必然的，但拒绝的方式却是需要考量的，直接的拒绝意味着对他人意愿或行为的一种否定，无形中会打击到对方的自信心，甚至伤害对方的自尊心。那么，如何能够既保全双方的面子，又巧妙地达到拒绝的目的呢？我们可以通过语言来向对方暗示说“不”，拒绝也是一种艺术，这样既能达到巧妙拒绝的目的，又不至于让对方产生不快的情绪，这才是最高明的拒绝。在某些时候，我们不得不说“不”，当然，拒绝并不是以伤害他人为目的的，而是以和为贵，尽量在保全双方面子的前提之下进行的。

拒绝的话一向都不好说，说得不好很容易扫了对方面子，或者让自己陷入尴尬情境之中。所以，我们在拒绝他人时，需要讲究策略，最关键的一点就是用含蓄委婉的语言来传达“拒绝”的意思。

1. 考虑到对方的面子

在拒绝的时候，我们需要考虑到对方的面子，而幽默地拒绝恰好可以巧妙地体现这一点，用幽默的方式来拒绝对方，让对方在毫无准备的大笑中失望。例如面对同事相约去钓鱼的要求，“妻管严”丈夫回答“其实我是个钓鱼迷，很想去的，可结婚以后，周末就经常被没收了”，同事哈哈大笑，也就不再勉强他了。

2. 委婉拒绝

有时候面对下属提出的建议，上司不忍拒绝，只好委婉地暗示“这个想法不错，只是目前条件还没有成熟，我觉得你应该把工作重心放在现阶段的主要工作上”。有时候，身边的同事或朋友可能会向你打听一些绝密的事情，但原则问题要求你保密。这时候，你不妨采用诱导性暗示，诱导对方自我否定。例如，你可以对他说：“你能保密吗？”对方肯定回答：“能。”然后你再说：“你能，我也能。”

3. 借助他人之口把拒绝的话说出口

如果自己不知道该如何拒绝，你可以借助他人之口把拒绝的暗示语说出口。例如利用公司或者上司的名义进行拒绝，“前几天董事长刚宣布过，不准任何顾客进仓库，我怎么能带你去呢”，或者说“这件事我做不了主，我会把你的要求向领导反映一下，好吗”。

4. 通过语言暗示

一位男青年被女播音员优美动听的声音吸引，来信希望见一见播音员本人，对此，播音员在回信中说：“这位听众朋友，首先，我了解你的心情，感谢你的好意。你听过‘知人知面不知心’这句格言吧，看来，交朋友最难的是交心。那么，还是让我们做一个知心的朋友吧！”女播音员通过语言暗示“拒绝”，而且拒绝方式极其婉转，回应了男青年的提出的无理要求。

掌握几种委婉拒绝别人的方式

既然拒绝不可避免，那么，如何让别人感觉不那么尴尬，让双方的感情不那么受伤，就是拒绝方法中最需要研究的技巧。对于我们来说，无论是对于朋友还是同事的拒绝都难免伤害对方的自尊，因为本身性格的敏感，考虑对方的感受是拒绝技巧首先要顾虑到的。拒绝最好以含蓄委婉、巧妙的方式为主，直白的拒绝和严词拒绝对于我们来说过于强硬，很容易伤害对方的自尊，最好不要使用，否则容易留下“后患”。

生活中有许多不懂拒绝的人，遇到事情就优柔寡断、畏首畏尾，结果常常使自己处于被动地位，听命于人。他们往往心里知道自己不需要什么，不能做什么事情，和为什么不做这样的事情，但就是无法把“不”说出口，那个简单的音节就在喉咙里打转，怎么也说不出来，学会拒绝，并非直接说不，而是将拒绝的意味藏在话语里。

1. 谢绝

“谢谢你的邀请/谢谢你的欣赏和看重/感谢你能第一时间想到我，但是这样做真的不合适。”别人请求你的帮助是对你能力、智慧的一种认同，认为你能够帮到对方，才可能提出请求，感谢对方的认同，会让对方内心感到舒服。

2. 推诿搪塞法

对于一些明显不合理、触犯规定或者做人原则的要求，不妨用一些没有价值的东西去敷衍塞责，如“我会考虑”“我们再研究一下”“恕我无能为力”，用一些没有实质作用的语言来拒绝对方比直接拒绝能留给对方一些余地。既然对方的要求是明显不合理的，能理直气壮地要求帮助，此人最好不要直接得罪，不直接拒绝的搪塞更能避免自己受小人伤害。

3. 拖延法

暂时不要给予明确的答复，表示研究研究、考虑考虑，或者让对方也再仔细想想，过些天再决定。如果你对对方的建议和方法存在异议，感觉对方的做法是不切实际的，不妨用拖延法，让对方也仔细考虑一下，或者提出更适合的建议，也是对朋友的一种负责。

4. 回避法

转移话题可以让对方自己领会你的抗拒，如“今天咱们先不谈这个，还是说说你关心的另一件事吧……”“你觉得这样好吗？我不同意你的看法……”不着痕迹地将对方的请求转移到他的做法是否恰当，如果对方足够明智，就懂得自己被拒绝了。

5. 讲明难处

“我很想帮助你，但今天恐怕不行，我太忙了。”“我倒想帮你，但我人微言轻，很难帮到你。”“我今天还有个聚会，真的很为难。”讲明你的原因和难处，更容易获得对方的谅解。

6. 补偿法

“这件事恕我爱莫能助，不过我可以帮你做另一件事，你看需不需要我的帮忙？”用另一种帮助替代原来的方案，更能体现你帮助对方的诚心和决心，对方也能更理解你。

7. 自我保护拒绝法

“请你为我想想，我怎么能做没有把握的事呢？”“你怎么可以把这样的事拜托给我呢，你也想想我的立场。”这样的话，往往能够让对方体谅你的立场和难处，让对方觉得是自己唐突了，太过分了，反而更有利于保护你们之间的感情。

8. 幽默地拒绝

最经典的幽默式拒绝无过于钱钟书拒绝某位女士的拜访：“假如你吃个鸡蛋觉得味道不错,又何必认识那个下蛋的母鸡呢？”“我只能当逃兵了。”“拒绝绅士的邀请是一种罪过，可今天只能谢罪了。”一个幽默而不失分寸的拒绝方式，既表明你的拒绝，又使双方都不会失颜面。

9. 有出路的拒绝

如果对方的求助不现实，对事情本身也没有任何帮助，或者你帮不上忙，但知道谁能帮助对方，不妨给对方提供一个方法，或为对方指一条明路，这样实际上不仅不会伤害感情，还能帮助对方，是最有力的拒绝。

懂得拒绝，还应遵循一定的原则

拒绝他人也要讲方法，需要告诉对方自己的理由，而且态度真诚、明确地把自己的难处和苦衷告诉对方。同时，在拒绝时需要干脆利落，避免磨磨蹭蹭、犹豫不决，更不要模棱两可、拐弯抹角。“是”和“不”表明肯定和否定的两种观点。古希腊哲学家毕达哥拉斯说过：“说最短、最老一字‘好’或‘不’，都需要做最慎重的考虑。”当我们经过认真考虑，认为这件事是不恰当的，不妨坦率地说声“不”，否则会让自己陷入被动局面，这对人对己都是非常不好的。如果一个人不会说“不”，这是人际交往时心理脆弱的表现。他们在拒绝别人时存在一定的心理障碍，他们总害怕拒绝会给予对方一定的伤害，或者自己会失去这段和谐的友情。所以，他们最后总是委屈自己，成全别人。然而，在长时间的心理累积中，他们的心理负担了不必要的压力，更有甚者还会转化为心理疾病。所以，要善于拒绝，懂得拒绝，还应该遵循一定的原则。

苏苏在公司市场部工作，她可以说是拒绝的高手。而且，她在拒绝对方的请求之前，总是会很认真地倾听对方，尽可能弄清楚对方的真实意图，然后提出几个解决方案，顺便把自己从不必要的责任中脱离出来，同时也帮助对方解决了实际性的问题。

有一次，公司要开新产品发布会，在发布会上宣讲和演示公司的新产品，一般还会大规模设置展台，让许多合作厂商展示自己的相关产品。由于公司的广告预算比较大、公关手段强大，所以媒体号召力和影响力都比较巨大，如果合作厂商的产品有幸被公司演示，或者被安排在展示区比较醒目的位置，无疑是给这家合作厂商做了一个很好的广告宣传，所以为了展示自己的产品，这些合作厂商互相争执，不相上下。

最后，有两个战略合作经理为了给各自负责的合作厂商争发布会上的显眼位置，都来向市场部负责新品发布会的同事提出要求，希望将他们负责的厂商放在最显眼的位置，但是，最显眼的位置只有一个，给哪一个都会让另外一个心生怨言。让市场部的同事感到为难的是，这两位战略合作经理与自己关系都不错，平时做产品推广时经常需要这两人的配合。两个人的请求不能都同意，也不能都拒绝，更不能敷衍了事，最好不要得罪人。

不过苏苏却处理得很好，她没有直接回答行不行，而是先抛出几个问题。她问："你们参加这次新品发布会的厂商就这两家吗？"对方回答："当然不止这两家，十几家呢，不过我这两家厂商都比较重要！"苏苏问："你们部门衡量合作厂商重要性的依据是什么？"对方回答："当然是从跟我们进货的数量、推广配合度以及他们自身的知名度几个方面综合考虑！"苏苏问："那你们部门有没有按照这些数据，生成一个合作厂商的优先支持排序表呢？"对方回答："当然，每个季度都会根据他们的表现及时更新。"

苏苏说："那么上个季度你们是如何安排的呢？这个季

度是否有需要调整的呢？我们在展示区肯定会特别突出那些排序靠前的厂商产品，这样，你们先统计部门所有合作厂商参展的设备数量以及配置，再按照部门都认可的厂商排序表排序，并在展台上标注各个展位的名字，再通知相关部门的相关人员，请大家提出意见，之后上报法律部，确认是否存在法律上的隐患，不要将之前有矛盾的厂商放在一起。这样你觉得如何呢？”对方只好点头应承下来。

既然有了公平的衡量机制，问题自然得到了解决。

苏苏在拒绝时，不说“不”，也不是模棱两可的态度，而是更积极客观地解决问题。在平时交际中，许多人不知道该如何拒绝别人的过分要求，不管是上司还是朋友提出的请求，他们往往会碍于情面，违心地应承下来又很难完成，最后给大家造成不守信用的印象。

在日常交际中，每个人都常常需要拒绝别人或者被别人拒绝。而人际交往中的拒绝，不是一般的拒绝，应在拒绝中展现个人品德以及自我修养。在通常情况下，拒绝应该遵循以下原则。

1. 照顾对方的自尊

每个人都害怕被拒绝，所以在拒绝对方的时候，需要照顾到对方的自尊心，这样可以避免双方关系的紧张。具体的方法就是，我们在拒绝之前，需要先称赞对方的优点，然后再慢慢说出自己的想法，这是十分有效的。毕竟人是感情动物，自尊心往往很强，所以，在拒绝对方时需要遵循照顾对方自尊的原则。

2. 以情谊来说服对方

在拒绝时如果要让自己的意见不引起对方的反感，最好让对方明白：我是你最忠实的朋友；我并不强迫你接受反对的意见；我是最关心你的人；我是从你的长远利益来考虑的。然后适时说出自己的意见。

3. 给对方留下退路

当我们需要拒绝那些自以为是、总喜欢坚持自己意见、始终认为自己非常高明的人时，需要认真考虑。首先，我们要将对方的话从头到尾再听一遍。当我们认真听完对方的话，心中再决定怎么样去拒绝和说服对方。有时候，我们的不否定对方看法的方式，反而会赢得对方的认可。因为在拒绝前，我们已经给对方留下了退路。

4. 道出实情

我们在拒绝对方的过程中，希望保持与对方的良好人际关系，就要道出实情，以得到对方的体谅。许多人在拒绝对方时，由于感到不好意思，而不敢道出实情，导致对方搞不懂自己的真实意图，而产生一些不必要的误会。实际上，在日常交际过程中，必要的拒绝是每个人都会遇到的，所以不要觉得不好意思，若是含含糊糊、模棱两可，反而容易引起别人的误会，造成彼此关系的破裂。

第 4 章

跳出思维的框框，拥有简化一切的能力

我们生活中的任何一个人，从进入社会的那一刻起，就要学会如何做人、做事，凡事都要多思考，要懂进退。事实上，要想成功，一味地努力是不够的，还需要运用思维的力量，灵活变通，懂得跳出思维的框框，懂得顺势而为，只有这样，你才能避免走很多弯路，才能在追求成功的道路上走得一帆风顺。

转换思维，往往能找到成功的捷径

我们必须承认的一点是，几乎人人都有自己的梦想，但最终能实现的人并不多，一些人满腔热血，制订了充足的计划，更勇于执行，但却处处碰壁，最终未能实现目标；也有一些人发现，追求梦想和实现目标的过程实在太艰难，甚至他们产生了放弃的念头。而其实，之所以出现这两种情况，是因为他们束缚自己的思维，有时候，只要你能化繁为简，就能找到通往成功的捷径。

卡曾斯说："把时间用在思考上是最能节省时间的。"这是一句非常有哲理的话。通俗的说法是做事要动脑子，对一件事情分析认识得不透彻，就很难找到正确的方法，不能对症下药，自然就无法以最短的时间到达目的地，可以说思考是提高效能唯一的捷径，为此无论是学习、工作还是追求梦想，我们都要多动脑，从而以最快的速度解决问题，达成目的。

所以我们要看到思维的力量，我们也应该锻炼自己的头脑，扩展自己的眼光和思维。因为这是一个脑力制胜的年代，谁的想法更高明、更有效，谁就更容易高效能地做事，也更容易提升自己的价值。很多时候，一个金点子花费不多，却拥有点石成金的力量。只有能看到别人看不到的东西的人，才能做到别人做不到的事。灵活的头脑和卓越的思维为我们提供了这种本领，深入地洞察每一个对象，就能在有限的空间，成就一番可观的事业。

事实上，我们任何人无论做什么，都要有灵光的头脑，善于创造性思维，不能钻牛角尖。这条路走不通，不妨转换一下思维，反过来思考，先找问题的本质。思维一变天地宽，勤思考，善于逆向、转向和多向思维的人，总能找出解决问题的方法，总能以最小的力气，做出最满意的效果。

事实上，生活中很多人之所以在某些事情上失败，就是因为他们一直在做无用功。如果你也是个不爱动脑的人，那么你不妨试着学会思考，你就会发现积极思考的惊人力量，任何困难和失败均能通过它来解决，即使是那些杂乱无章的事情，只要你运用思考的力量，就会将它们一一捋顺。思考不是“无用功”的代名词，而是“节能、省力”的法宝，因为积极的思维可以帮我们摆脱困境，化解难题。

曾有人说，头脑是一切竞争的核心，因为它不仅能催生出创意，指导实施，更能在根本上决定成功。而让我们没有意识到的是，思维决定行动，我们做事的效能如何，也决定于我们的思维活动。因此，思维是改变外界事物的原动力，如果你希望改变自己的状况，获得进步，那么首先要从改变思维开始。而我们在寻找解决方法时往往倾向于把事情考虑得过于复杂，其实事情本质是很单纯的。表面看上去很复杂的事情，其实也是由若干简单因素组合而成。

总之，面对看似杂乱无章的事情，只要你能开动大脑，跳出习惯的思维框框，就能抓住问题的实质，就会得出异乎寻常的答案。

静下心来思考，抓住主要问题

当今社会，任何人要想在竞争中脱颖而出，都不能忽视思维的力量，那些头脑灵活、拥有思想的人在这个社会更有打拼的出路。因为打拼的过程中，谁都会遇到难题，只有开发大脑，能做到运筹帷幄，才能解决现下的难题。

对于为梦想奋斗的人们来说，无论是在生活还是在工作中，你都可能会遇到一些难题，此时，你难免会产生一些焦躁的情绪，但焦躁对于事情的解决毫无帮助，你只有静下心来，才能冷静地思考解决的方法。因此，无论发生什么，你都要记住，一定要有个好心态，不到最后一刻不要放弃思考。

你是否也遇到过令你头疼的难题呢？可能你也会焦躁不安，但是，焦躁只会让你更加困扰；而如果你选择静下心来思考，那么，你就有可能绝处逢生。

在我们的生活中，失败平庸者多，主要是心态有问题。遇到困难，他们总是陷入焦躁而无法思考，结果陷入失败的深渊。成功者遇到困难，能心平气和，并告诉自己：“我要！我能！”“一定有办法。”

那么，在困境中你该如何运用思维的力量呢？

1. 充分预测困难，做好准备

无论做什么事情，都需要专注、勇敢、拼搏等，但在朝着这个目标去做的过程中，会有很多困难接踵而至。如果你在做事之初没有准备好，那么这样的突袭会很容易使你的意志溃不成军。所以在做每件事情之前，你要充分预测可能遇到的阻碍，并为之做好准备，想到应对的办法。

2. 全局思考

很多时候，问题的出现是因为人们局限了自己的思维，如果你能走出思维的死胡同，从全局考虑，你就能找到真正的症结所在。

3. 自我暗示和自我激励

当你遇到困难并想放弃时，不妨闭上眼睛、调整呼吸，然后有意识地鼓励自己，平心静气地思考，静心才能有所收获。

提出问题是解决问题的第一步

在这个全民创新的时代，社会的发展日新月异，作为个人，也应该顺应时代的潮流，让自己不断地打破思维的界限，推陈出新，才能最终赢得远大的前程。可以说，创新是一个民族、一个国家进步的动力，倘若没有创新提供源源不断的力量，国家和民族就会停滞不前，也会最终失去竞争力。当然，创新相比较按部就班、因循守旧，对我们提出了更高的要求。要想时刻创新，我们必须拥有一双发现问题的眼睛。也许有人会说解决问题才是最重要的，这样说当然也没有错，但是作为解决问题的先决条件，发现和提出问题尽管并不是解决问题的最重要一步，却是解决问题的前提和基础。试想，假如一个人连问题在哪里都看不出来，又如何能够解决问题呢？

现代社会的人们越来越认识到创新的重要作用，也因此，在现在的家庭教育和学校教育中，很多父母与老师都有意识地培养孩子的创新能力。当然，和我们前文说的一致，要想从小培养孩子的创新能力，提高他们解决问题的能力，首先要让他们拥有一双睿智的眼睛，能够敏锐及时地发现问题所在，从而提出问题、解决问题。不得不说，好奇心作为人的一种本能和天性，也是创造的基本动力，更是想象力和创造力的核心能力。遗憾的是，很多孩子的好奇心都被扼杀在摇篮状态，他们纯真明媚的眼睛也在不断成长的过程中蒙上了尘埃，无法看清楚很多问题的本质。所以作为父母，要想给予孩子更强大的创造力，一定要注意保护孩子的好奇心，正是好奇心驱使孩子发现问题。

有很多成人都拥有一颗赤子之心，所谓赤子之心，并不单纯指的是爱国之心，也包括孩童的天真本性。诸如好奇心、善良，都是赤子之心的具体表现。其实很多天才之所以能够成为天才，并非完全因为天赋异禀，也因为他们对世界和人生充满好奇，因而始终都能发挥自身的创造力，帮助自身不断成长和提高。

在生活和学习中，我们从小就被教会解决问题，也形成了模式化思维，在力所能及的情况下总是能够迅速找到解决问题的办法。殊不知，这样纯粹地解决问题是很被动的，真正能力强的人都是能够发现和提出问题的人，他们才是问题的主宰。从某种意义上说，知道如何提出问题距离就解决问题就不远了，但是如果只会解决问题而不知道如何提出问题，则会局限自身的发展，使自己陷入被动的困境。作为大名鼎鼎的科技哲学家，波普尔始终认为，问题就是科学的逻辑起点，如果没有问题的发现和提出，也就无所谓科学的存在和发展。所以说，从历史的角度来说，人类进步的过程，就是不断地发现和提出问题，最终分析和解决问题的过程。大科学家爱因斯坦也曾说过，和解决问题相比，提出问题更加重要，因为解决问题只是技巧范畴内的能力，而提出问题则是发挥创造性和想象力，因而能够推动科学不断进步。由此可见，提出问题是解决问题的第一步，也是至关重要的一步。

从现在开始就努力提升自己的眼界吧，这样才能够打开思路，从而帮助自身不断发现问题、提出问题，从而引领自己在人生的道路上不断开拓进取，成就辉煌。

不要盲目听信“老人”的经验

常言道，家有一老，如有一宝。在生活中，我们常常会尊重老人的经验，认为老人说的话都是对的。其实，老人的经验也是有局限性的。时代在发展，社会在进步，科学技术的更新换代更是时时刻刻都在发生。很多时候，老一辈的人凭借生活摸索出来的经验未必都是正确的。所以，年轻人和老人也就常常因为观念的不同而产生矛盾。很多老人仗着自己年纪大，总爱倚老卖老，其实，年轻人说的很多有科学根据的知识显然已经完胜老经验了。举个最简单的例子来说，家里有孩子的年轻人都知道，在带孩子方面，很多老人在遇到年轻人质疑的时候，总是说：“我家孩子从小就是这么带的，不也长得挺好的吗，不也考上名牌大学了吗！”对于这些固执的老人，我们应该学会委婉地给他讲述道理。毕竟，老人的很多观念是根深蒂固的，而且老人往往都比较爱面子，不像年轻人能够马上做到知错就改。另一方面，我们却依然要坚持自己的正确和科学的观念，不能盲目迷信老人的老经验。

这样的现象在职场中也是非常常见的。职场上，新进员工往往处处都要和老员工学习，包括对公司制度和文化的理解，包括做事情的规矩。当然，这些方面的学习是毋庸置疑的，也是无可指责的。然而，很多时候，事实却证明，老员工的思维存在局限性，反而是新员工，在遇到问题的时候能够打开思路，思维更加具有发散性。所以，如果你是一名新员工，千万不要盲目迷信老员工的经验，而要多多动脑子，在向老员工学习的同时，取长补短，发挥自己新人新思维的优势，在工作上达到最理想的状态。

在这个世界上，每个国家的国情不同，所以发展战略不同。对于个人也是如此，每个人的情况不同，所以我们在学习别人经验的时候，一定要取其精华，去其糟粕。只有这样，才能扬长避短，避免不必要的损失。

多角度地看问题，找到问题的本质

以前，我们习惯了从一个角度看问题，所以很多电视剧、电影里，好人就是好人，好得轰轰烈烈，坏人就是坏人，坏得彻彻底底。后来，我们发现人性是复杂的，好人也有弱点，坏人也有优点，所以，我们的影视剧中好人和坏人的形象越来越立体，越来越生动，让人一度很困惑，这个人虽然很好，但是那件事情却做得不够完美，那个人虽然很坏，但是也有一些善良的地方。经历这段困惑之后，我们终于意识到，不管是人还是事物，都有其多面性，因此提出了从多个角度客观看问题的思路。

世界每时每刻都处于变化之中，只有从多个角度看待问题，我们才能更加客观公正，也才能做到与时俱进。人生也是如此，人生就是不断接受改变的过程，所以，我们常常要用新的标准和发展的眼光衡量人或者事物，这也是多个角度看问题的一个方面。在前进的道路上，我们常常遇到坎坷和挫折，原本计划好的事情，也许因为一个小细节的改变，事情的结局也就有了很大的不同。这样的结果是我们不想看到的，怎么办呢？一味地排除和拒绝不能使结果变得更好，只会让我们更郁闷。那么，如果改变角度想一想，也许这个坏的结果可以作为好的起点，重新开始。做人最怕的就是钻牛角尖，时代瞬息万变，我们也应该时刻转换思维，不要一条道走到黑。

当从多个角度看问题的时候，我们就会形成发散性思维。发散性思维也叫求异思维、扩散思维，指的是在遇到问题的时候，能够产生很多不同的想法，最终找到最好的解决问题的方法，甚至找到创新性的办法处理问题。任何事情都不是平面的，更不是单一的，只有从多个角度看待问题，我们才能不仅仅局限于事物的表现，而是深入事情的本质。

很久以前，有5个盲人。他们从未看过大象，都很奇怪大象到底是什么样的。为此，他们决定一起去摸一摸大象。第一个人摸到大象的鼻子，说："大象是一根软软的管道。"第二个人摸到了大象的耳朵，说："大象就像蒲扇，很大，还能扇风呢！"第三个人摸到了大象的尾巴，说："大象又细又长，就像一根棍子。"第四个人摸到了大象的身体，说："大象就像一堵墙，非常厚。”第五个人摸到了大象的腿，说：“大象是一根柱子，又圆又粗。”

5个盲人争辩起来，谁也说服不了谁。这时，站在一旁的人说：“你们都说错了，你们摸到的只是大象身体的一个部位，必须摸完全身才能知道大象的样子。”

有一家玩具店进了一批新玩具，老板把它们整齐地摆放在货架最好的位置上，想让更多的小朋友发现它们，把它们带回家。然而，小朋友进入玩具店之后，似乎对这批新玩具熟视无睹，只顾着去其他货架上挑选玩具。老板百思不得其解，问了好几个小朋友才发现问题所在。原来，新玩具摆放的位置正好在成人眼睛水平线的位置，对于成人来说是很容易发现的，但是对于身材比较矮小的小朋友来说，必须仰着头才能看到那里。老板跪在地上，发现小朋友的最佳视野在货架的下一层，因此，他赶紧把新玩具都调整到低一些的货架上。果然，进店的小朋友第一眼就看到了新玩具，新玩具很快就被抢购一空了。

盲人摸象的故事告诉我们，看待事物，应该从多个角度全面看待。否则，就会像故事里的盲人一样，有人说大象是圆柱，有人说大象是墙壁，有人说大象是蒲扇……只要坚持多角度看待问题，这种贻笑大方的事情就不会发生。在第二个事例中，老板刚开始的时候以成人的角度看待问题，忘记了小朋友的身高问题。后来，他站在小朋友的角度上看玩具，才找到了摆放新玩具的最佳位置，实现了营销的成功。

不管是看人还是看待事物，我们都应该坚持从多个角度看待。只有从多角度看待，我们才会有客观公正的态度，才能做到全面而又理智。在处理问题的时候，只有从多个角度看待问题，才不容易有死角，才能找到处理问题的最佳方法。

转换角度思考，也许你会有新的发现

现今的生活中，很多人都在不停地抱怨。工作的时候，抱怨没得到满意的待遇；失业的时候，抱怨老板不讲情理；应聘的时候，抱怨好运不垂青自己。总之，人生灰暗，似乎怎么努力都不过是死水一潭。

曾经有两个囚犯，从狱中望向窗外，一个看到的是满目泥土，一个看到的是万点星光。前者悲伤而死，后者欢笑一生。不同的处世态度，不同的思考方法，其结果往往大相径庭。态度是长期培养得来的，而想法则可以在灵光一现间给你带来巨大的突破。

一般人认为，拾破烂的一定是穷人，一辈子干这个，不仅抬不起头来，而且更不会发家致富。靠拾破烂成为百万富翁，那简直就是违背了客观规律、近乎天方夜谭的事。可是，真就有人做到了。

老师画了一幅画，白纸中间画了一个黑色圆点。老师问学生：“你们看见了什么？”全班学生一起回答：“一个黑点。”老师说：“你们只说对了一部分，画中最大的部分是空白，只见小，不见大，就会束缚我们的思考力，许多人不能突破自己，原因就是在这里。”很多时候，传统的思维定式会束缚我们的想象力，而转换角度看问题，我们可能会有新的发现。

哲人说，有什么样的想法，就会有什么样的命运。在任何关键的时候，正确的想法都是解决问题的唯一途径。有人经常说：“我忙得没有时间去想。”然而，就是“没时间去想”这五个字，却成为成功与失败的分水岭。平庸的人只知道“埋头拉车”，而成功的人却能“低头去想”，换个角度去思考。正因如此，他们能够找到解决事情最好的方法。

思想有多远，你就能走多远，不同的思维决定不同的出路。一个人在做事之前，一定要善于变换角度看问题，学会变通是跨越生命障碍走向成熟的重要一步。激动人心的成功总是和出类拔萃的创意联系在一起的，善于改变自己的思维，就会取得非同一般的成效。

第5章

激发内心的力量，做最勇敢的自己

生活中，我们每个人都渴望着成功，然而成功并不是一条风和日丽的坦途，它需要你有一种披荆斩棘和承受厄运的勇气。很多时候，成功的门都是虚掩着的，勇敢地去叩开成功之门，才能探寻出个究竟来。那时，呈现在眼前的将是一片崭新的天地。因此，我们可以说，成功的秘密在于勇者无畏，当然，对于现在的你，应该鼓足勇气，立即去做，只有这样，你才更易受到机遇的垂青。

始终要乐观坚强，自尊自爱

不管生活多么困苦，太阳依然会升起，阳光依然会照耀大地。所以要相信不幸和痛苦迟早会过去，等待你的是美好的明天。

我们经常慨叹某个人创造了奇迹，将不可能变成了可能。人们在向他投以羡慕的目光时，是否意识到，奇迹的诞生除了能力、意志品质之外，心理力量也起了举足轻重的作用。

希望是一个人活着的动力，有希望人才有活下去的勇气。心理学上讲，人体如同一个大的化工厂，你有什么样的心情，身体就进行什么样的化学合成。保持好的心情对身体健康是十分重要的。拥有一份好心情，经常想象生活的美好，想象未来人生的幸福，再大的伤痛都不会把你打倒。

当一个人看不到生活里的阳光，会变得苍白无力，如果你相信生活的每个角落里都有阳光洒下，备受苦难折磨时就能保持乐观。但是只有乐观还不够，还要学会坚强，有韧性，学会自尊自爱，勇于承受痛苦，并打倒痛苦。就像心理学家所说的："每个人在遇到困难的时候都需要乐观、勇气和坚强。但是，生活的太阳不光是由这三样东西组成的，我们要不断寻找新的阳光，让自己的人生更加完美。"

人的心理具有极强的可塑性，对于那些坚强的人来说，他们选择永远让自己的心充满韧性。

坚强的心并非与生俱来，它是在一次次痛苦的磨砺中造就的。俗语说："古之立大事者，不谓有超世之才，亦必有坚忍不拔之志。"不要害怕困难，再大的困难也战胜不了你坚强的心。

心理学家说，人心的力量有多大，你试一试就知道了，人的心理还有许多我们未知的潜在力量。挫折犹如一把利剑刺向我们，可能我们因此会受到伤害，但是当我们打造出心灵的韧度之后，就犹如掌握了盾的用法，在挫折中磨砺了自己的意志，使自己能屈能伸，百折不挠。

别人的看不起和侮辱，可以使你一蹶不振，也可以成为促进你成长的力量，关键是自己有没有一颗自尊自爱的心。

人之所以不同于别人，是因为他们的心选择的方向不同。平凡与平庸、尾随与超越、突破与淘汰、对决与妥协，你在心里所做出的决定，使得你处于今天的境地。

如果一个人凭着自己良好的品行，能让人在心里认可你、信任你，那么你就有了一笔成功的资本。如果你希望闻名世界、流芳百世，首先要在心里集聚积极的力量。也许你此时境遇艰难，甚至受人白眼，如果你在心里妥协，你的人生就停止在这个高度；如果你选择突破，你会发现，你的心里原来还存有更加强大的力量可以支撑你不断前进。

缺乏勇气，只会一事无成

勇气是任何事业成功的基础，一个人缺乏勇气，甚至恐惧缠身，自然会一事无成。有些事固然是看起来容易，做起来难，但现实中也有许多事情，是看似很难，实际上做起来并不像想象的那样困难。有时正是自己的畏惧加剧了自己的怯懦，让自己不敢努力去实践，甚至放弃目标。当然，对困难予以充分的估计是必要的，但不能因此而失去勇气。我们应充分看到自己的能力，鼓起勇气，树立自信，同时辅之以积极的自我暗示、自我激励。如“这点区区小事不值得害怕”“别人能做到我也能做到”，从而为自己打气、壮胆。在困难与阻力面前要有一股敢斗的勇气和气势，从而战胜自己的畏惧。迎着困难与压力迈出关键的第一步，并义无反顾地大胆往前走。这样成功与希望就会向你招手。

尼采说：“当我们勇敢的时候，我们并不如此想，我们一点也不认为自己是勇敢的。”有时候，内心畏惧是源于我们总是不断地逃避问题，那些怯弱而畏惧的人通常都是这样。其实，当我们试着去改变自己的内心，让自己的内心变得强大起来的时候，我们会惊讶地发现，克服挫折不过如此，它容易得就像是跨过一道门槛。但是，如果总是任由内心畏惧而不去改变，那么，我们将失去许多成功的机会，因为幸运总是降临在那些有着强大内心、坚韧精神的人身上。

内心畏惧的人常常表现为害怕困难、意志薄弱、惧怕挫折、内心异常脆弱。遇到了挫折，总是习惯性退缩或者消极抵抗，不愿意冒险，惊慌失措而不知怎么办才好。其实，内心越是畏惧，挫折就越强大；而内心越是强大，挫折就越不堪一击。我们要想成功地战胜挫折，首先应该战胜自己内心的畏惧，让自己变得强大起来，挫折与困难才会迎刃而解。

人生的种种历练，对于我们来说，可能是一种折磨，但是，它更是一种锤炼，暂时的痛苦算不了什么，只要心中有勇气，一次次经受住磨炼，不畏困难，最后，我们定能炼就一块坚韧的钢。在日常工作中，我们也会遇到种种困难，有成功就有失败，有喜悦就有眼泪，但是，哪怕是失败和眼泪，它所能带给我们的依旧是不断地尝试，而不是最终的结果。失败算不了什么，关键是你不能失去坚持下去的信心，以及那份深藏内心的坚韧。

心怀勇气，有信心攻克难关，最后，你就能赢得工作上的成功。谁也不想使自己的一生碌碌无为，人人梦想一生成功、富贵，可是只有少数人与成功、财富结缘。我们常抱怨自己没有遇到好机会、生不逢时，然而机会一旦降临，你是否有足够的勇气和胆识去把握？只要心中怀着勇气，自己就毫不畏惧。

坚持勇气与梦想同行，就能创造出生命的奇迹

人生会面临各种各样的困境，唯有勇气，才能帮助我们摆脱困厄，迎来命运的春天。当命运残酷的时候，勇气就会焕发出喷薄的力量，让人感到难以置信。在绝境之中，勇气就会唤醒我们心底的伟岸，让我们发现完全崭新的自我。勇气的力量是无比强大的，甚至远远超出你的想象。因而，当你被别人嘲笑时，当你被他人藐视时，当你不知道自己的前途在哪里时，当你因为命运的困厄陷入绝望时，鼓起勇气吧。即使每一个人都否定你，你也要坚定不移地告诉自己：我能行！

很多时候，打击不会单独行动。它们总是接踵而至，让人无暇喘息。例如，林肯在成功竞选美国总统之前，不止一次遭遇命运的无情打击，在失去未婚妻之后，他甚至因病卧床不起。不得不说，这一连串的打击实在让他无法恢复，因而轰然倒下。但是他的心中始终燃烧着希望之火，始终充满着从头再来的勇气。在此后的日子里，即使遭遇再多的打击，他也始终坚持，鼓足勇气，勇往直前。正因为如此，他才能最终成功竞选美国总统，开始了自己人生的新篇章。不止林肯，每个成功者的人生轨迹中，都必然有波峰也有波谷，甚至还会遭遇长期的困厄。唯有拥有顽强的毅力，他们才能最终打败灾难，成就自我。只要我们坚持勇气与梦想同行，能创造出生命的奇迹。

现代社会，还有几个孩子不知道迪斯尼呢？甚至很多成年

人，也都对米老鼠、唐老鸭的形象非常熟悉。可以说，迪斯尼不但创造了美国的动画神话，也给全世界的儿童带来了童年的美好回忆。其实，大家所不知道的是，米老鼠和唐老鸭的创始人迪斯尼，在成功创造出这些经典的动画形象之前，遭受了长期的坎坷和挫折。

很小的时候，迪斯尼就热爱绘画。在美术课上，他充分发挥想象力，把植物画成人物的模样，而且还有着丰富的表情。但是对于他表现出的独特的创造力，老师非但没有表扬和鼓励他，反而毫不留情地批评了他。在老师墨守成规的观念里，植物根本不可能像人一样有面貌、有表情。尤其是当听到迪斯尼说这些植物都会说话时，老师更是气鼓鼓地训斥他，让他以后不许再胡思乱想。幸好，虽然被老师严肃批评，迪斯尼也没有改掉这个“坏毛病”。在他笔下，植物和动物依然栩栩如生。

中学时，迪斯尼负责为学校的校刊画漫画。他很有想法，总是有奇思妙想，把校刊画得活灵活现。后来，他参加了第一次世界大战，并且利用闲暇时间创作漫画，遗憾的是，他投递出去的漫画全都被退回了。编辑无一例外地说他缺乏新意，作品没有灵气。但是迪斯尼凭着对漫画的热爱，毫不气馁，继续作画。战争结束后，迪斯尼回到祖国，立志要实现自己的画家梦。但是他却处处碰壁，没有任何人欣赏他的绘画才能。后来，迪斯尼进入一家广告公司，边工作，边学习，进行沉淀。最终，迪斯尼和哥哥在一个破旧的仓库里成立了属于自己的公司，并且创造出风靡世界的米老鼠形象。从此之后，他一发而不可收拾，相继创造出唐老鸭、白雪公主、匹诺曹等动画形象，全都大获成功。后来，迪斯尼更是倾尽所有，拍摄了彩色动画片《白雪公主》，最终获得了巨大的成功，《白雪公主》也成为世界动画片史上的里程碑作品。

在迪斯尼获得成功之后，极具影响力的《纽约时报》给予了他极高的评价，说他是世界上最伟大的漫画大师。至此，迪斯尼此前所有的坚持、努力和勇气才进入人们的视野，得到了无数人的认可和崇敬。如果没有坚持的勇气，只怕迪斯尼早就在漫长的否定中失去了信心，小朋友也就失去了如此经典有趣、给他们带来美妙童年的动画形象。

每一个人在实现梦想的路上，都必然要经历很多的坎坷和挫折。那些最终获得成功的人也许天赋异禀，也许拥有恒心和毅力，但是他们无一例外地都有一种特质，那就是充满勇气。如果希望是人生的领航灯，那么勇气则是人生源源不竭的动力。正是因为勇气的支撑，我们才能在坎坷的人生路上始终坚持不放弃，直到到达理想的彼岸。有勇气的人，从来不怕被嘲笑，更不怕独自一人前行。他们坚信，只要沿着梦想的道路继续走下去，不管经风历雨，都永不停歇，他们最终一定会有惊喜的收获。

始终记住，你不是弱者

现代社会人才辈出，曾经被封为人才的大学生，如今随着大学教育的普及，几乎遍地都是。在这种情况下，职场上也高手林立，一个人如果没有真正的实力，就很难在竞争激烈的职场上生存下来。那么，面对越来越强悍的对手，我们如何才能更好地生存下来，验证自己的实力呢？其实，很多人之所以在激烈的竞争中败下阵来，很多时候并非是输给别人，而是输给了自己。面对强者，他们不战而降，发自内心地感到自卑，也特别软弱。正如人们常说的，长别人的志气，灭自己的威风。这种现象实际上在生活中随处可见。因而，我们如果想要成为真正的强者，首先应该让自己的内心强大，在心理上战胜自己，突破软弱的囚牢，就会越来越强大。

一个人，假如内心很强大，即便遭遇困境，也能够从生命的源泉中不断汲取力量。与此同时，哪怕面对再强大的对手，他们也能够坦然以对，淡定从容。而且，他们能够客观公正地认识自己，深入了解和剖析自己。即便发现自己的弱点和不足，他们也能够从容不迫，意识到每个人都是不完美的，唯有坦然接受自己的不足，并积极提升和完善自己，才能更加强大。人生不如意十之八九，任何人在人生旅途中都会遇到坎坷和挫折，唯有收起软弱，表现坚强，人生才能更加顺遂如意，成功也才能青睐我们。

贝多芬的《命运交响曲》，反映了人类与厄运搏斗，最终战胜命运的不屈斗争。其实，这部作品也是贝多芬的人生写照。贝多芬曾说："命运就是这样敲门的。"

作为举世闻名的音乐家，贝多芬的命运很悲惨。贝多芬出生在一个贫困的家庭，因为父母感情不好，他的童年时期几乎是在眼泪的浸泡中度过的。正是艰难曲折的生活，使得贝多芬形成了倔强独立的性格，也使得他的内心感情丰富。

12岁时，贝多芬就开始作曲，14岁时，他进入乐团参加演出，用微薄的薪水帮助父母养育弟弟妹妹。在贝多芬17岁那年，他的母亲因病去世，贝多芬不得不负担起家庭的重担，负责照顾两个弟弟和一个妹妹，还要照顾没落的父亲。后来，贝多芬身患伤寒和天花，险些死去。作为一个孩子，命运对他简直太残酷了，然而他坚强不屈地熬过了那段最艰难的岁月。

28岁那年，贝多芬作为一个音乐家，居然耳聋了。众所周知，对于音乐家而言健全的听力多么重要，这个打击对于贝多芬是致命的。从此之后，他生活在无声的世界里，不得不克服各种无法想象的困难，才能继续进行音乐创作。正是在无声的世界里，他创作出《命运交响曲》，表达了对命运的不屈抗争。

1827年3月26日，享年57岁的贝多芬在狂风暴雨中辞世。他的一生虽然贫病交加、厄运不断，却是顽强不屈的一生。在短暂的一生中，他也给人类留下了宝贵的音乐财富。可以说，贝多芬是命运的强者，是值得我们每个人学习的。

一个音乐家失去听力，就像一个画家失去眼睛一样，这样的打击是致命的，也是让人难以承受的。然而，贝多芬熬过了生活的重重困难，最终在艰难的处境里创作出经典的传世音乐，给予世人无穷的力量。大多数人不会像贝多芬这么困难，因而更应该顽强不屈地活着。退一步而言，就算我们命运多舛，也应该想一想张海迪、海伦，再想一想桑兰等身残志坚的人，向他们学习，我们才能更加坚定不移地走出属于自己的人生之路。

正如人们常说的，没有人的一生是一帆风顺的。面对人生的坎坷挫折，我们必须鼓起勇气，知难而上，无所畏惧，才能让困难变成弹簧，在我们面前偃旗息鼓。记住，真正的强者不畏惧困难，也不会在苦难面前退缩。也许对于真正的强者而言，困难恰恰是一次历练，也是人生的试金石，帮助他们更好地验证自己，证明自己的实力和强大。记住，人生没有绝境，只要我们内心足够强大！

第6章

让自己变得更好，优秀让你变强大

在现实生活中，相信每个人都有自己的理想，并渴望成功，但最终能成功的人只不过是极少数，而大多数只能与成功无缘，他们不能成功是因为他们往往空有大志却不肯低下头、弯下腰，不肯静下心来努力学习，从身边的本职工作开始积聚自己的力量。要知道，我们只有先将自己变得更好，成为一个优秀的人，并把优秀当成一种习惯后，才能接近成功。

“霍桑效应”：适时宣泄出来很重要

心理学家总结：当某个人受到公众的关注或注视时，学习和交往的效率就会大大增加。“霍桑效应”是心理学中一项重要的效应，也有人称之为“宣泄效应”。

“霍桑效应”在我们日常工作和生活中也有所表现，并被人们有意识或无意识地应用。例如现在有些学校为了获得更好的升学率和教学成绩，就根据学生成绩分不同等级的班，对成绩相对优良的那一部分学生给予特别的关注，使得那些在优等班的学生对学习更加有信心，更加发奋努力，学习成绩也越来越好。然而，这样做只注意了问题的一个方面，而忽视了另一个方面，即那些没有受到关注的学生有的不免会产生自卑感，缺乏自信心，学习劲头不足，甚至“破罐子破摔”。

从这一点来说 “霍桑效应”给我们的另一个启示是：人在一生中会产生数不清的意愿和情绪，但最终能实现、能满足的却为数不多。对那些未能实现的意愿和未能满足的情绪，切莫压制下去，而要千方百计地让它宣泄出来，这对人的身心和工作效率都非常有利。

通过上面的分析，我们看到“霍桑效应”的正面作用是，当某个人受到公众的关注或注视时，学习和交往的效率就会大大增加。换句话说，在别人的关注下，人们的行动更具驱动力和自主性。这点在教学中经常体现，如一个学生学习成绩有所进步，老师夸奖他为大家的榜样，并让大家关注他的学习方法和近况，那么，多数情况下，这个孩子的学习成绩会持续提高。

同时，我们也不可忽视“霍桑效应”的负面影响。在“霍桑效应”发生正面作用时，相应地也会出现负面影响。当某个人受到大家的关注、受到夸奖时，必然会受到别人的嫉妒，这些人就容易受到“霍桑效应”的负面影响，产生不良情绪。虽然它可以通过别的途径转移，却不会被直接消灭。人们在压抑、克制阶段往往意识不到它的存在，但如果一直找不到宣泄的途径，那就会使人们在心理上形成巨大的潜在压力。过分压抑会导致精神忧郁、孤独、苦闷，甚至窒息；一旦控制不住，会导致心理堤坝崩溃，使人表现出一种变态的行为，甚至导致精神失常。因此，心理学家告诫人们，当这种不良情绪产生时，要学会缓解和疏导。如偶尔幽默一下不失为一种很好的调节方法，有时能取得异乎寻常的效果，幽默可以帮助人们把压抑所产生的情绪，以合法的、文雅的方式宣泄出去。

重复定律：在重复操作中积累实力

心理学家说，任何的行为和思维，只要你不断重复就会不断加强，获得丰富的积累。在你的潜意识当中，只要你能够不断地重复一些事，它们就会在潜意识里变成事实。

人的心理倾向于关注那些新鲜的、刺激的事物，不喜欢做重复单调的事情。但在现实生活中，每一件事情的成功都需要依靠重复操作来谋求突破，也就是说，那些心理上拥有忍耐力，能够在一次次重复操作中认真积累的人，他们的人生更容易获得高于他人的成就。

人的急切心理是普遍存在的，那些努力而看不到成效，而且还很有可能被人称作傻傻的、重复操作的事情，谁会去做呢？结果肯定是少数人，而成功者也正来自这少数人。现实生活中，很多年轻人总想找到一蹴而就的成功之路，殊不知，那些一锤子敲过去，却不见效果的人，在他们放弃的同时，一些看似弱势的人则在一次次重复敲击着自己的目标。也正是在这个过程中，不仅实现了量到质的飞跃，也使得你对这个事物看得更加透彻，把握得更加准确。

心理学家说，在不断重复的过程中，有些人没有耐心去等待成功的到来，就只好用一生的耐心去面对失败。很多时候，人的失败不是因为实力不够、机遇不好，而是因为不肯在重复中积累、等待突破的到来，在一次次放弃和遗漏的过程中，人生草草地画上了一个句点。

马上去做，提高自己的执行力

有人说，世界上的人分别属于两种类型。成功的人都很主动，我们叫他们“积极主动的人”；那些庸庸碌碌的普通人都很被动，我们叫他们“消极被动的人”。我们仔细分析这两种人的性格和行为特征，会发现：积极主动的人都是认真做事且不断努力的人，他们孜孜不倦，直到成功；而被动的人则拖沓、懒惰，总是找借口拖延，他们总是强调“不应该做”“没有能力去做”或“已经来不及了”等。

有人说天下最悲哀的一句话就是：“我当时真应该那么做却没有那么做。”每天都可以听到有人说：“如果我在那时开始那笔生意，早就发财了！”或“我早就料到了，我好后悔当时没有做！”一个好创意如果胎死腹中，真的会叫人叹息不已，感到遗憾，如果真的彻底施行，当然也会带来无限的满足。所以，无论是追求梦想还是在日常生活中做事，我们都要养成立即行动的习惯。

的确，现代社会，无论是职场还是商场，其竞争的激烈度恰如战场，假如你也渴望成功，那么你就应该牢牢地记住，对于执行力的天敌——拖延，我们一定要懂得调节，因为执行力就是竞争力，成败的关键在于执行。

同样，现代社会，几乎所有人都使出浑身解数抓住机遇，因为先机稍纵即逝，速度就成为了获胜的关键因素之一，我们每个人都应该将自己训练成一个果断的人，要做到这点，我们就必须解放思想，具备超前的观念和敏锐的眼光；看准了的事，应该雷厉风行、马上就干，不能患得患失、等待观望，更不能纸上谈兵、只说不干。

每天坚持学习，并形成习惯

许多的年轻人在即将步入社会或刚刚步入社会的时候，都拥有奋力打拼、成就事业的野心，他们往往觉得自己已经学成出师了，该到大显身手、建功立业的时候了，他们觉得在学校的时间才是真正学习的时间，走出学校需要的就是拼搏、拼搏、再拼搏。

事实真的是这样吗？就一个普普通通的本科毕业生来说，6年小学、3年初中、3年高中、4年大学，加一起有16年的时间待在学校，那么一个人在学校到底学到了什么东西？你肯定听到过新入职的毕业生说："学校里学到的知识直接用于工作的部分几乎没有多少。参加工作之后，我才开始真正地学习用以谋生的知识！"

宋朝思想家朱熹说过："无一事而不学，无一时而不学，无一处而不学，成功之路也。"这正是终身学习的一种境界。我们常说"活到老，学到老"，在生活和工作中不断地充实自己的头脑，积聚更多更新的知识，在"升级"大脑的同时，增强自身的竞争力，成功和财富就会自然而然地来到你的身边。

在教室里，一群聚集在一起的大四学生正在讨论着即将开始的考试——大学时代最后一科考试。他们脸上充满了自信和愉悦，走出校门的一天终于就要到来了。他们中的有些人已经找到了工作，有的即将得到工作。带着4年在学校学到的知识，他们相信自己已经准备好去接受社会的挑战。

他们知道这场考试将会是“小菜一碟”，因为教授说过，他们可以带任何书或笔记，只要不交头接耳就可以了。

他们兴冲冲地走进了考场，当教授把试卷发下来后他们的笑容更灿烂了，因为只有五道题目。

3个小时过去了，考试就要结束了，教授已经准备收试卷了。此时大家看起来已不再那么自信了，他们脸上是一种焦躁不安的表情，没有人说话。教授看着他们问：“完成五道题的有多少人？”没有一个人举手。教授又问：“完成四道的有没有？”还是没人举手。

“三道、两道呢？”学生们此时有些不安了。教授又问：“那做出来一道的总该有吧？”但教室里仍是一片沉默。教授继续说：“这其实正是我期望的结果，我想让你们知道：即使你们已经完成了4年的大学学习，但你们不知道的还有很多，仅仅是专业上你们也还有很多不知道的。”然后教授微笑地对他们补充道：“你们都会通过这次考试，但请大家记住：即使你们已经毕业，你们学习的路程也只是刚刚开始，你们需要用一生去学习！”

对于刚刚步入社会的年轻人来说，行业与职场上的竞争压力日渐增大，一个人要想在社会上更好地生存，在自己的职位上谋求更大的发展，在生活中拥有更好的生活条件，就必须让自己懂得并践行终身学习的道理。

被称为“台湾芯片之父”的张仲谋曾说：“当我回顾这几十年的工作生涯，我发现只有在工作前5年，用得到过去在大学、研究院所学的20%～30%的知识，之后的工作生涯，直接用到的部分几乎等于零。”

苏格拉底曾说：“世上只有一样东西是珍宝，那就是知识；世上只有一样东西是罪恶，那就是无知。”由此可见，终身学习，不断获得新知的重要性和必要性。“我们今天知道的东西到明天就会过时。如果我们停止学习，就会停滞不前。”多萝茜·比琳顿的这句话，再一次强调了终身学习与自我进步相辅相成的关系。

“逆水行舟，不进则退”的道理听起来很浅显，但做起来实属不易。终身学习就是要随时保持高涨的求知热情，以谦虚的心态观察周围的事物和人，见贤思齐，学习他人的优点，掌握更精深的专业技能。如果你认为自己已经学会了一切，并不准备继续学习了，那么在你做出这个决定的那一刻就是你的竞争对手开始超越你的时刻。只有准备用一生去学习并付诸行动的人才会获得更长久的发展！

离开学校，也可以提升自己

很久以前，有位牧羊人养了一大群羊。每天，他都把羊群赶到山坡上吃草，等到傍晚的时候再赶回羊圈里。有一天早晨，他正准备放羊，突然发现羊少了好几只。经过仔细查看，他发现羊圈破了一个大窟窿，一定是狼在夜里钻了进来，把羊叼走了。邻居劝牧羊人："赶快把羊圈补一补吧！"牧羊人不以为然地说："羊都已经丢了，还补羊圈干什么呢？"不想，当天夜里，狼又从破的窟窿里钻进来，叼走了几只羊。这次，牧羊人不敢大意，赶紧把羊圈修补好。果然，狼再也没有来叼羊。早在小学时代，我们就曾经听说过这个故事。这个故事告诉我们的道理，每个人都烂熟于心：亡羊补牢，为时不晚。其实，很多事情都不怕晚。

现代社会，年轻人很容易就会发现，在大学期间学到的知识，往往还没走出校园就已经过时了。那么，我们为什么还要花费几年的宝贵时光读大学呢？其实，读大学最重要的不是学到知识，而是学会思考，养成自主学习的好习惯。现代社会要求每个人都终身学习。有些人自从大学毕业后，就再也没有拿起书本，工作上全凭盲人摸象。归根结底，这样的人很难有长远的发展。在信息爆炸的时代，学习的方式多种多样。不坚持学习的人，终将被淘汰。也许有些人到中年的朋友会说："我都这么大年纪了，记忆力也大不如前，还怎么学习呢？"

其实，学习什么时候都不晚。有些退休人员，都60多岁了，还会想方设法地读大学，也恰恰是这个道理。对于年轻人来说，就更是如此了。毕竟，不管什么时候，提升自己都比止步不前更好。常言道，技多不压身，保持学习的好习惯，能够帮助你更快地走向成功。在信息闭塞的年代，我们必须依靠自身的摸索，才能获取经验。如今大大不同，信息流通很快，而且各种各样的书籍都可以帮助我们借鉴前人的成功经验。如果说成功有什么捷径可走，那么学习和借鉴，就是唯一的捷径。

张倩是师范院校毕业的大专生，如今在家乡的小县城当小学老师。老师的生活清闲而又安逸，转眼之间，张倩就已经毕业10年了。在这10年间，她恋爱、结婚、生子，完成了人生最重要的三部曲。然而，学校突然转变成私立院校，对于任教老师提出了更高的要求：本科毕业，10年以上教龄。张倩的教龄刚刚好，但是却因为学历不达标，即将面临被淘汰的危险。后来，为了照顾学校里的老师，学校放宽了要求：对于本校老师，可以把学历放宽到专科，但前提是3年之内必须达到本科学历。原本，张倩想要放弃，听从学校安排去下级学校。她对同事马伊说："学校的要求太苛刻了。我都30多岁了，又要照顾家庭，又要照顾孩子，哪里有时间学习呢？况且，现在记忆力也大不如前，琐碎的事情这么多，根本没心思学习。"

马伊刚刚毕业没几年，因为教龄不达标，肯定要离开学校。对于学校的要求，马伊和张倩的看法截然相反："张老师，我觉得你的想法太保守了。如果我是你，肯定考取本科学历。这没什么难的，现在学历提升的途径这么多。现在学校改成私立学校，各项待遇都大幅度提高，要是我有10年教龄，我肯定不会轻易离开。”张倩陷入沉思，马伊继续说道：“即使学校不要求有本科学历，我们也应该注意提升自己。我可不想仅仅限于本科，我到时候还想考取研究生呢！不过，你有家有孩子，不像我这么自由。但是说真的，考个本科文凭还是完全有必要的。即使你不在这个学校，提升到本科也对你有好处。”张倩点了点头，说：“小马，谢谢你，你说得很有道理。我会认真考虑的。”马伊笑着说：“丰富的教学经验比学历值钱多了，所以，你可千万别被学历卡住。很多人，都60多岁了还读大学呢！”

在和家人商量之后，张倩最终决定考取本科学历。如此一来，她既不用离开熟悉的校园，还可以获得更好的薪资待遇和更好的工作环境。如此一举数得的事情，可遇而不可求。对于孩子和家庭，张倩老公表示完全支持老婆的工作，他还主动请缨每天负责接送孩子呢！

学历的提升和能力的提升，对于现代人来说，是需要终生面对的问题。社会在飞速发展，也裹挟着每一个人飞奔往前。如果不能尽早地提升自己的学历，未雨绸缪，就会在工作单位提出要求的时候变得被动。就像事例中的张倩，如果刚刚参加工作就主动提升学历，现在也不会这么被动。不过，亡羊补牢，为时未晚。只要意识到自己需要提升，就应该马上展开行动，为自己的人生早做规划。

学历的提升和能力的提升，在我们走出大学校园、意气风发的那一刻，就摆在我们的面前。有远见的年轻人不等工作提出要求，就会主动提升自己。即使当工作提出要求的时候，也为时不晚。现代社会的每一个人，都应该具备终身学习的能力，随时做好准备扬帆远航！

具备谦虚好学的精神，不断完善自我

《论语·述而》中记载："子曰：'三人行，必有我师焉。择其善者而从之，其不善者而改之。'"这句话的意思是说：孔子说，别人之中，肯定有人能当我的老师。选择他们身上的闪光点学习，反省自己身上有没有和他们一样的缺点。如果有，则一定要加以改正。其实，孔子是在告诉我们一定要虚心学习，学习其他人的优点，以他人为镜，改正自己的缺点。只有具备谦虚好学的精神，我们才能完善自己。

尽管人人都知道"三人行，必有我师焉"这句话，但是真正能够做到的人却很少。人性是有弱点的，大多数人都会不自觉地放大自己的优点，忽视自己的缺点，而放大别人的缺点，忽视别人的优点。如此一来，我们想要像孔子说的那样"择其善者而从之，其不善者而改之”就有了障碍。由此可见，要想向别人学习，我们首先要调整好自己的心态，才能看到别人的优点。常言道，骄傲使人退步，虚心使人进步。骄傲的人往往非常自满，无视别人的优点，觉得自己才是最优秀的。虚心的人能够发现别人的优点，认识自己的不足，常常改正自身，所以进步也就是理所当然的。

在生活中，一个人的力量是非常有限的。即使博闻广记，也不可能掌握所有的知识。因此，我们应该学会借助于别人的力量帮助自己。现代职场大多数以团队作战。所以，我们在虚心好学的同时，还应该放低自己，与他人合作。也许别人的某些方面不如你，你也不必表现出居高临下的自满状态，因为对方一定有某些方面是值得你学习的。如果没有团队精神、缺乏团队合作意识，你就将寸步难行。在团队中，要想取得成功，个人英雄主义绝对要不得，必须与每一个团队成员精诚合作，才能取得进步。

人的一生之中，有很多学习的机会。大学毕业后，虽然从校园里走了出来，但是社会上有更多的人可以当我们的老师。如果新进一家公司，向前辈学习更是必须的。很多时候，校园里学习的知识只是理论知识，真正的实践出真知，是在我们走上工作岗位以后。只有虚心向优秀的人学习，我们才能变得更优秀。

第7章

敞开心扉，从容的自己最强大

我们常常祝福身边的朋友“万事如意”，但人生奇妙，我们不可能事事如意，我们无法左右事情的发展，但我们可以左右自己的心态，但前提是我们要敞开心扉，内心从容的人才最强大，无论外界发生什么，他们都能心境平和、淡泊自然。只有做到了宠辱不惊、去留无意，方能心态平和、恬然自得，方能达观进取，笑看人生！

从容不迫，保持内心平静

我们都知道，现代社会，时间已成为一种有限的资源，时间就是金钱，时间就是生命，我们都知道时间的紧迫，于是，忙碌的我们总是不断地与时间赛跑，高度紧张的神经让我们开始疲乏，甚至身心俱疲。其实，我们不妨反问一下自己，为什么不从容一点呢?

的确，我们每天都需要进行忙碌的工作和学习，还有生活负担、情感烦恼等，我们常为此感到焦头烂额。如果我们也能从容一点、做事不紧不慢，那么，我们便能在做事之前静下心来，理清思绪，合理安排，做事的效果自然也会事半功倍。

人生就是一次旅行，在这一过程中，只有翻山涉水，不惧艰辛，走过忧郁的峡谷，穿过快乐的山峰，趟过辛酸的河流，越过滔滔的海洋，才能走到生命的最高峰，领略美好的风景。我们不能否认前面的风景很迷人，但人的一生是短暂的，我们若总是把眼光放在前面的风景上，急于赶路而错过了眼前的美景，那么只能空留遗憾。

现实生活中有很多人，他们一直信奉勇往直前的原则，向往着未来的、他人的生活，于是，他们总是在马不停蹄地追赶。但时过境迁，等他们青春年华不再时，才知道自己已经错过了生命中最美的时光。

现实生活中的不少人未必能做到从容，因为人都是情绪化的动物，会因为周围的人和事而影响到自己的心态，但无论你遇到什么事，都不要陷入其中，不可自拔，而要了解相依转换的道理，然后调整心态，重新上路。祸福本身就是转换的，因此，不管你现在得到了什么、失去了什么，都不要纠结，祸会转化为福，福也会转化为祸，何不敞开心扉，淡定一点呢？

以德报怨，以宽容博大的胸怀真正地感染他人

生活中，总有些人得理不饶人，一旦占据小小的道理，就马上对他人喋喋不休，恨不得让他人马上低头认错才好。殊不知，人人都讲究面子，当我们得理不饶人且唠叨不止时，难免会伤害他人的面子，最终导致他人对我们的愧疚消失，甚至对我们怀恨在心，这无疑得不偿失。真正人缘好的明智者，他们很清楚只有得理饶人、以德报怨，才能获得他人的真心对待，也才能拥有真正的好人缘。这是因为人们都有报偿心理，当觉得自己得到了他人的宽容厚待或者馈赠时，一定会觉得亏欠他人，因此也会加倍地补偿和回报他人。所谓礼尚往来，正是这样的，它能够让人际关系进入良性循坏之中。

古人说，海纳百川，有容乃大，山高万仞，无欲则刚。这句话告诉人们，宽容是人生中最难能可贵的品质，也是人际交往中的金科玉律。一个小肚鸡肠、斤斤计较的人，很难在交往

过程中得到他人的认可和赏识，也很难得到他人的真心相待。相反，一个宽容友善、宰相肚里能撑船的人，才能以宽容博大的胸怀真正地感染他人，也才能成功建立人脉关系网，结识很多真心相待的好朋友。

对于任何人而言，所谓退一步海阔天空，尽管说起来很容易，做起来却是很难的。宽容博大的心胸并非一朝一夕间形成，我们也唯有拥有“一笑泯恩仇”的气度，才能真正做到拿得起、放得下，也才能宽容别人、宽宥自己。正如一位名人所说，生气就是用别人的错误惩罚自己。当我们受到他人无心的伤害，自己却又因为这份伤害耿耿于怀时，则带给自己的不快更多，自己的损失也就更大。相反，假如我们能够一笑置之，尽情享受自己的快乐和幸福，则我们的人生一定会更加宽容豁达，也会少一些阴霾，多一些阳光灿烂。

作为日本德川幕府的第三代将军德川光家的大臣，中村为人心思缜密，思虑周全，性格也比较温和稳重，因而在军中深得人心，得到了无数将士的爱戴和拥护。当时，德川家有一位大名鼎鼎的将军，叫德川秀息。德川秀息手握兵权，但是他尤其厌恶吸烟的人，因而特意下令，严令禁止军中任何人抽烟，否则斩首。

有一天夜已经深了，守城的士兵感到很困倦，因而躲在偏僻的地方抽烟。恰巧，中村这天一时兴起，居然大半夜出来巡逻，士兵们直到中村走近了才看到他，此时此刻他们已经来不及熄灭手中的烟了，不由得一个个心惊胆战，自以为肯定要掉脑袋。不想，中村走到他们面前，说："把你们的烟给我抽一口吧！"士兵们全都吓懵了，根本不知道中村想干什么，因而把烟递给中村，中村果然接过烟狠狠地抽了几口，才意犹未尽地把烟还给士兵，说："想不到烟的味道真不错！"说完，他就转身离开了。直到走出去几步之远，他才扭头对依然傻站着的士兵们说："我今晚也抽烟了，不过这种事情下不为例。要知道，这件事情如果被你们的将军知道了，可是要掉脑袋的。"让人惊讶的是，从此之后，士兵们再也不偷偷地抽烟了。

在这个事例中，如果中村在发现士兵们偷偷抽烟之后，把他们全都扭送给将军处置，也许结果就会截然不同，尽管能够起到震慑的作用，但是却失去了士兵们的真心拥戴。中村反其道而行，明知道士兵们违反了禁令，为了让士兵们相信他不会告发，居然自己也主动抽了几口烟，如此一来他与士兵们就成了一条绳上的蚂蚱，命运息息相关，士兵们自然觉得很放心，不担心中村会去告发他们了。中村宽容他们，反而起到良好的效果，士兵们再也不会偷偷抽烟了。

很多人都觉得宽容是懦弱的表现，殊不知，宽容不但毫不懦弱，而且能够在表现出退让之后，赢得他人的真心拥戴。人生并非一味地寸土必争就能得到更多，有的时候适时退让反而能够得到他人的真诚相待，也使我们的人际关系柳暗花明又一村。自古以来，人们就常说冤家宜解不宜结，明智者一定会借助以德报怨的机会，与他人处理好人际关系。现代社会，人与人之间的交往和合作更加密切，我们只有处理好人际关系、经营好人脉资源，才能更加顺利地赢得人生的丰收。

有舍有得，舍得才是人生的大智慧

在深海里，有一种非常美丽的银鱼，它有漂亮的大眼睛，看起来就像是游弋在海洋中的小精灵。这种鱼叫马嘉鱼，每到春夏之交，就会跟着海浪游到靠近海岸的浅水区产卵。这种鱼虽然看起来像精灵，实际上非常愚钝，它们总是不知道变通，因而渔民常常趁马嘉鱼来到浅海的时候，轻而易举就抓住它们。渔民是如何捕捉马嘉鱼的呢？方法简单极了，听起来简直让人难以置信。他们事先准备好空隙比较大的障碍物，就像人们平时生活中使用的竹帘或者木帘那样，只不过空隙要稀疏一些。然后，他们把帘子的一端坠上铅坠或者铁块，使其在海水中保持直立状态。然后，他们就开始用两只小船拖着帘子行进，以拦截马嘉鱼群。原本，很多鱼在遇到障碍物的时候都会掉头，改变方向，但是马嘉鱼却有着超强的个性，它们不但不会拐弯，反而继续一往无前地前进。最终，它们接二连三地钻进竹帘的缝隙中，导致竹帘的缝隙越来越狭窄，紧紧地锁住它们。这反而更加激怒了马嘉鱼，它们更加不顾一切地朝前冲，奋不顾身。就这样，渔民轻而易举就能捕捉到很多的马嘉鱼。

马嘉鱼的个性，在我们很多人身上也有所体现。当然，对于理想的执着是值得赞许的。但是，我们不能因为执着，就忽视了所有外界的改变，最终导致自己壮志未酬身先死。很多人在生活中都有执念，如现在的很多爸爸妈妈，不管孩子是否是学习的那块料，都偏执地逼迫孩子学习，甚至为此忽视了孩子的身心健康，最终酿成恶果。对于生活，也有很多人有着极度的偏执。例如有些人羡慕别人住大房子，就不顾自己的家庭条件，经常与别人攀比，最终因为爱慕虚荣导致生活变得支离破碎。这些极端的事情，都是因为不懂得舍得导致的。

一直以来，我们太信奉坚持到底就是胜利的理念了。为此，我们执着于名利权势，丝毫没有意识到宝贵的生活在勾心斗角中悄然溜走。等到日暮西山时，即使幡然悔悟，也已经为时晚矣。人生永远没有后悔药，我们必须扪心自问，清楚地知道自己想要什么，才能最终获得幸福。

作为一名经验丰富的销售人员，李渡在工作上的表现总是能够得到领导的赏识和赞许。销售行业大多是以业绩论英雄的，而李渡的业绩在公司里始终名列前茅。因此，领导讨论决定，提升李渡为华东地区的销售负责人。华东地区是公司刚刚开辟的新区，因而李渡深深感到自己肩膀上的担子沉甸甸的。然而，一想到整个华东地区的销售额一旦提高，就会丝毫不逊色于公司扎根的华北地区，李渡似乎已经看到了自己带领华东地区与华北地区平分秋色的情形，不由得激动万分。

新官上任三把火，李渡在走马上任不久，就给华东地区大换血，还因此得罪了好几个人。原本公司批准李渡每个月回家5天，但是李渡上任之后的3个月，始终没有离开华东销售点半步。他夜以继日地工作，也因为同行业竞争激烈，局面打开得并不顺利。妻子实在按捺不住，特意从北京坐动车到上海看望李渡，当第一眼看到李渡时，妻子不由得大吃一惊：短短3个月的时间，李渡像是老了好几岁，两鬓都斑白了。李渡把妻子送到住的地方，马上就又回到办公室，直到深夜才回来。妻子劝说李渡不要这么拼命，李渡却不以为然，坚持说："我必须借此机会扬名立万，否则以后就再也没有这样的好机会了。"然而，华东地区的情况和华北地区还是有很大不同，再加上李渡是土生土长的北方人，也不太了解华东地区的细微情况，销售局面还是不容乐观。又是半年过去了，华东地区的情况依然尴尬，最终，总公司决定调回李渡，派另一个负责人去华东地区继续工作。李渡得知这个消息后，非常懊恼，一气之下居然生病了。这时，妻子埋怨他说："你呀，你呀，真是不见棺材不落泪。要不是去了华东，你现在在华北怎么也能提升一级了，这么成熟的市场，不比去外面打天下好吗！你看看，就是你离开之后给了张华机会，否则你要是在，哪里轮得到他成为华北地区的负责人呢！"李渡也很懊恼，觉得自己错失了好机会。

在这个事例中，李渡愿意去华东地区打拼，其实是有着长远眼光的。但是，作为土生土长的北方人，李渡显然对于华东市场缺乏了解，尤其是消费者的脾气秉性和消费习惯，也并非他短时间内就能弄清楚的。而恰恰是因为这段时间的离开，李渡还失去了在华北地区千载难逢的晋升机会，因而未免郁郁寡欢。

实际上，每个人在生活和工作中都面临着各种各样的选择。有些人心胸豁达，很能看得开，因而不会因为得失纠结苦恼。相反，有些人则心思细腻，而且占有欲强，不管什么事情都想拔得头筹，最终反而什么好处都没捞着，则更加郁闷。坚持的确是我们实现梦想的必要条件，然而坚持也是要分情况的。为了不切实际的坚持而错失更好的机会，结果让人不胜唏嘘。当认清自己心中真正在乎和想要的东西之后，我们就应该做到果断放弃。很多情况下，放弃也是一种得到，是一种人生的大智慧。我们不可能面面俱到地活着，只能重点抓住生活的某几个方面。因而，只有放弃，才能让我们把有限的精力投入更重要的事情中去，从而及时改变方向，重新规划未来。

从错误中奋进，才能不断成就自己的人生

没有人能够像上帝一样，把所有事情都做得无可挑剔。既然每个人注定不完美，那么他们所做的事情也难免会出现错误。在这种情况下，我们必须坦然面对自己所犯的错误，才能

从中汲取经验和教训，不断进步。与此同时，我们也要推己及人，宽容地对待他人所犯的错误，这样理解他人，才能建立良好的人际关系。

毫无疑问，没有人能够不犯错就成长。就连拿破仑都说："我所犯的错误完全归咎于自己，我所面对的最大敌人就是我自己，我的命运也完全是因为自身导致的。"拿破仑尚且如此自省，更何况是我们呢？作为普通人，我们必须更加重视自己的错误，从错误中奋进，才能不断成就自己的人生。

作为一名日常用品推销员，马波刚开始工作时，几乎一天都卖不出去任何东西。眼看着同事们的销售业绩都非常好，马波感到心急如焚。思来想去，他决定改变自己。那么，从何改变呢？就从客户的提议入手吧。

次日，马波和平日里一样四处推销，又被拒绝了。这次，他没有离开，而是诚恳地问拒绝他的客户："您好，我不一定非要把产品卖给您。您能否帮我一个忙，这个忙对您而言就是说几句话，但是对我而言至关重要。您很清楚，我没有成功地把产品卖给您，我想我一定有哪些地方做得不够好。您可以告诉我，我在向您推销产品时，哪里做得不够吗？我将会万分感激您。"听到马波这番真诚的话，大多数客户都会为他指出不足之处。这样一来，马波不断地积极改变自己，最终越来越了解销售之道，销售业绩也越来越好了。

一个人如果根本不知道自己哪里做错了，就无法改正，这一点毋庸置疑。对于马波而言，他虽然没有成功把商品推销给客户，但是却通过恳切的言辞，让客户为他指出了缺点，这也是莫大的收获。在不断改正错误、弥补不足的过程中，他得到了迅速的成长，这对于他的人生有很大的好处。

通常，人们总是因为别人对于自己的批评大发雷霆，殊不知，只有那些真正为我们好的人，才会认真观察我们，发现我们的缺点，并且及时为我们指出来。相反，倘若我们的敌人看到我们犯了错误，一定会拍手称快。因而真正的聪明人，不管以哪种方式，都愿意及时发现自己的缺点，这样才能积极改变自己，使自己变得更加强大。

平息怒气，冲动是魔鬼

古人云，人有七情六欲，所谓七情，就是喜怒哀惧爱恶欲。在七情之中，愤怒排在第二位，仅次于欢喜，由此可见愤怒在我们的诸多情绪中是很常见的，而且也必然对于我们的人生起到至关重要的影响。的确，人们常常会因为高兴得意忘形，甚至不小心闯祸，做出让自己追悔莫及的事情。但是和高兴相比，愤怒对人的伤害显然是更大的。人们不会因为高兴做出冲动的事情，但是很多人都会因为被愤怒驱使，做出一时糊涂的事情，导致自己的人生也遭到毁灭。尤其是在气头上时，很少有人能够保持冷静理智，这也直接决定了人们怒气之下做出的令自己后悔的事情更多，更无法挽回。

生活中，人人都叫嚷着想要成为命运的强者，殊不知，真正的强者未必是多么雄壮有力的，也不一定拥有超凡脱俗的能力，而只是能够控制自己的情绪，控制自己喷薄而出的怒气，从而让自己始终保持清醒和理智，从容应对生活赐予的一切。有心理学家经过研究发现，人们在愤怒之中，智商急速降低。这也合理地解释了，人们为何一生气就感到昏头涨脑，也解释了为何人们因为愤怒导致的冲动之举，懊丧终生。正如老司机驾车的时候始终默念着“宁停三分，不抢一秒”一样，我们在自己有可能愤怒的时候，也要不停地告诫自己“等待，等待，再等待”。这是因为，人们在冲动情况下做出的很多行为都会导致恶果，而人们一旦怒气平息，又会因为无法挽回的局面懊悔不已。所以说，真正的聪明人能够合理控制自己的愤怒，让自己清醒理智地处理和解决一切问题。

尤其是当敌人把愤怒当成软肋，抓住我们的愤怒时，我们很容易就会被击垮。从这个角度而言，愤怒非但于事无补，还会使事情变得更加糟糕，导致事与愿违。

每个人当情绪失控的时候，都需要找到一个平衡点，来帮助自己找到心理平衡。艾迪巴的心理平衡点就是房子和土地，年轻的时候他因为自己拥有得太少劝说自己不生气，年老之后他因为自己拥有很多劝说自己不生气，都取得了良好的效果。

艾迪巴通过围绕房子和土地跑步的方式降低自己的愤怒，还有一个好处，那就是他原本突然爆发的愤怒，在他围绕房子和土地奔跑的过程中，也得到机会渐渐消散。就像人们在盛怒之下会做出很多出格的事情，但是只要经过短暂的时间使人恢复平静和理智，就不会再发生悲剧和惨剧了。所以，我们在愤怒时也应该给自己留出充足的时间恢复平静和理智。

你们的心理平衡点在哪里呢？在漫长的人生中，我们也许会因为很多事情感到愤怒，也许我们经历不同的事情时愤怒也是完全不同的，因而需要以不同的理由劝说自己不生气。但是，我们也可以像艾迪巴学习，找到对自己屡试不爽的心理平衡点，这样一来，我们总是能够安慰自己不要愤怒，否则就得不偿失。这个平衡点可以是物质的，诸如房子、车子、工作上的成就，也可以是我们幸福的家庭、健康可爱的孩子和体贴入微的爱人，还可以是其他诸如此类能够帮助我们获得心理平衡的任何东西。当我们找到这个心理平衡点，就能成功消除自己的愤怒，使自己变得更加从容，坦然地面对人生，也做到内心平静，不再因为愤怒而失去理智。

学会释怀，别活得太累

每天，我们都面临着诸多压力，有可能是事业不顺而造成的工作压力，有可能是感情不顺而造成的感情压力，还有可能是家庭不和谐而造成的家庭压力，对此，心理学家把这些压力都统称为“社会压力”。社会压力对于一个人来说，将直接转换成心理压力、思想负担，久而久之，就会成为心结。如果这种压力长久以来得不到有效释放，就会越积越多，并产生出巨大的能量，最终，它就像一座火山一样爆发出来，其导致的结果是，人们的情绪大变，总感觉自己活得太累，每天都不开心，脾气越来越坏，甚至有严重者精神崩溃，做出傻事。当然，对于外界的压力，我们需要调节，千万不要再给自己压力，这样只会是雪上加霜。所以，学会释怀，不要给自己太大的压力。

1937年，希尔德太太的丈夫去世，而且没有留下任何存款。那一刻，希尔德太太的生活陷入了绝望。如果想要生活下去，就需要找份工作。在生活的逼迫下，希尔德太太不得不写信给曾经的老板——里奥·罗切先生，请求他可以让自己回去做以前的工作。希尔德太太过去的工作是向城市附近的农村和城镇的寄宿学校推销书籍。两年前丈夫生病了，希尔德太太将汽车卖了。现在希尔德太太为了重新工作，不得不到处借钱，最终才以分期付款的方式买了一部二手车，重新推销书籍。

希尔德太太也希望重新工作可以帮助自己摆脱颓废、绝望的情绪。但是，真实情况却是，希尔德太太不得不一个人开车、独自吃饭，她实在无法忍受这个过程充斥着的孤独感和忧虑感。即便在这样的情况下，希尔德太太在某些地方连一本书也卖不出去，最后甚至难以支付小额的汽车分期付款。

1938年春天，希尔德太太到密苏里州的凡尔赛小镇上推销书籍。那里的学校看起来很贫穷，道路也弯弯绕绕，在那一瞬间，希尔德太太觉得自己太孤独了，简直备受打击，甚至一度想到了自杀。因为她觉得成功对自己来说是那么遥远的事情，而且完全找不到继续生活的理由。每天早上醒来，希尔德太太就对生活充满恐惧，她害怕面对生活。她恐惧一切：害怕交不起分期付款的车钱，担心交不起房租，担心养不活自己，更恐惧万一生病也没钱看医生。唯一支撑她继续活着、没有选择自杀的理由是，她害怕她的姐姐会因此悲伤，并且她难以支付自己死后的丧葬费。

太大的压力常常会令人陷入长期的焦虑和恐惧中，这样一种消极心理会加重人们的焦虑感和恐惧感，有严重者，还会导致身体出现疾病。心理学家认为：适当的压力有助于我们激发更强的斗志，但是正如任何事情都有一定的度，压力过大就会影响到正常的情绪。所以在生活中，我们要给自己适当的压力，只要不是太糟糕的事情，我们应该学会忘记，这样一来，那些琐碎的小事就影响不到我们了。

一位朋友这些天正在学习弹琴，由于基本功不太扎实，他练起琴来很费力，尽管他付出了许多辛勤的汗水，可是，就是不见效果。

但是，朋友心里又极度渴望自己在琴技方面能够有所突破，于是，他每天强迫自己练琴4个小时。这样，时间长了，他变得时常焦虑，心理上把练琴当成了一种压力，他常常烦躁地问老师：“我是不是练不好了”“我还能行吗”“怎么练都不见效果，我干脆还是不练习了吧”“难道我就这么放弃了吗”。

老师听了，只是微微一笑：“你不要与自己较真，放松自己，释放心中的压力，卸下负担，这样，心情好了，琴艺自然会有所进步。”过了不久，朋友的琴艺真的进步了，而之前弥漫在他脸上的阴霾已经消失得无影无踪。

其实，对于这位朋友来说，外界并不存在太大的压力，反而是他自己给自己太大的压力。自然而然地，他将练琴当成了一种负担，因为负担，他就可能生活在压力、痛苦、烦躁和苦闷当中，无法真正体味到练琴的快乐。

1. 学会释放压力

有的人总是喜欢把别人的压力放在自己身上，事事较真。例如，看到同事晋升了，朋友发财了，自己总会愤愤不平：为什么会这样呢？为什么就不是自己呢？其实，任何事情，只要自己尽了力就行了，任何东西都是着急不来的，与其让自己陷入无谓的烦恼，不如以积极心态来面对，努力调整情绪，释放内心的压力，让自己的生活更加丰富多彩。

2. 不要给自己太大的压力

一位公司白领这样说：“最近工作压力大，感觉自己越来越不快乐，脾气越来越大，老想发火，尤其是每天回家坐地铁，十分拥挤，每次都会与站在身边的人发生冲突，我也不想这样，但是，我就是快乐不起来。”虽然工作压力很大，但是我们还是有选择，因为在更多的时候，真正的压力是我们自己给的。而压力就像是一个刽子手，它扼杀了一切快乐的因子。

一个人若是背着负担走路，那么再平坦的路也会让他感到身心疲惫，最终，他会因为不堪生活的压力而走向不归路。对于生活中的某些事情，不要给自己太大的压力，如果内心积压了很多的压力，那就需要释放出来，因为很多时候，压力是自己给自己的。

第8章

摆正自己的位置，看到自己的优势

心理学家认为，在众多心理问题的成因中，自卑占了很大一部分，而自卑来自人们对自身的不正确评价，把自己摆在了错误的位置，以及看不到自己的优势。我们每个人都希望表现得更完美，都希望得到更好的评价，但不应因此迷失自我。我们每个人都是独特的，同时，我们在生活中都有自己的位置，每个人都扮演着不同的角色，在自己的世界里，我们是主角，在别人的世界里也许只是龙套。事实上，活出真正的自己，坦然面对生活给予的一切，不要苛求完美，才能让自己活得更真实。

心态平和，别太把自己当一回事儿

每个人都会有属于自己人生的辉煌顶点，但每个人都注定要从这一点降落，心浮力难继，宁静可致远。

一位功成名就的心理学家这样劝诫年轻人：一包黑色染料倒进水缸里，水缸里的水立刻变成沉重的黑色；同样的一包染料倒进大海中，海水却依然干净清透。让我们的心变成大海，在面对生活中的成功与失败、赞扬与批评时，都能以平和的心态将其稀释。

著名作家李国文说过："淡，是一种至美的境界。"别太把自己当一回事儿，既是内心祥和、平淡是真、物我两忘的表现，也是一种修养、一种胸怀，更是人生境界的极致。唯有别太把自己当一回事儿，才能笑看云卷云舒，静观花开花落；唯有别太把自己当一回事儿，才能不狂妄，从而成就更大的事业。

玛乔里说："不要为得到别人的赞美而活着，要让自己感到骄傲，这才是真正的人生。惧怕别人看到自己的短处，这不过是一种虚荣心而已。"俗话说："金无足赤，人无完人。"人生确实有很多不完美之处，完美只在理想中存在。生活中的遗憾总会与你的追求相伴，这才是真实的人生。人不应过分地奢求不属于自己的东西，不要让追求完美成为生活中的苦恼。

心理学家说，生活中总有许多事情让人捉摸不透，有些人活着就是为了得到别人的赞赏，太在乎自己的容貌，在乎自己的面子，每天为了穿什么衣服、是否说错了某句话而思考良久，甚至忧心忡忡，这样的人活得很累。他们中的某些人为了掩饰自己的虚荣心理，自欺欺人就成了他们最好的慰藉。为了别人的评价而活，你已经失去本来的自己。

谦逊低调，别自以为是

生活中，总有一些人自以为是，觉得自己了不起，因而就自认为有了对他人指手画脚、说三道四的权利，并且还总是大张旗鼓、明目张胆地议论那些招人反感的事情。实际上，也许在他们夸夸其谈的时候，别人已经在心里无数次藐视他们，甚至鄙视他们，只是碍于面子才忍耐他们，没有直截了当地反驳他们，当面给他们难堪而已。这些人之所以如此炫耀和自负，就是因为他们误以为自己是参天大树，而以为他人都是低矮的臣服于他脚下的小草。殊不知，恰恰是他们这些自以为是的大树，才是他人心目中不值一提的小草呢！

你何曾看过真正的大树随风摇曳？它们即使高耸入云，也依然保持着低调谦卑，从不自以为是，更不因此就瞧不起那些小草。这就是树的风格，也是树的高尚风范。就像瓷器一样，即使是高贵的瓷器，也来源于泥土。它们尽管看起来光滑无比，最终却要回归大地母亲的怀抱，来自泥土，亦复回归泥土。人为何不像大树和瓷器一样呢？不管站在多么高的位置上，都应该把自己看得与他人一样平等，这样的人才能得到他人真正的尊重和认可。同样的道理，一个人也只有始终保持不断进取，才能在往日辉煌的基础上再接再厉，否则一旦变得骄傲自满，那些曾经作为他炫耀资本的荣耀和成就，就将不复存在。

现代职场，有很多刚毕业的大学生已经面临失业的窘况。当好不容易找到一份工作之后，他们之中的一些人又觉得非常迷茫，尤其是对于初入职场的新人而言，他们根本找不到方向，整日浑浑噩噩，不知道应该做些什么。在这种情况下，唯有让自己低到尘埃里，虚心努力地向每一位前辈同事求教，才能尽快摆脱尴尬的境遇，让自己游刃有余地融入职场，从而最大限度地发挥自身的能力，使得自己的职业生涯变得顺利。

有一次，梅兰芳接到请柬去赴宴，事先得知著名画家齐白石也在被邀请之列。因而到达宴会之后，他与主人略略寒暄，就在西装革履的人群中寻找齐白石的身影。过了很久，他才看到衣着朴素的齐白石坐在一个角落里，显然受到了冷落。梅兰芳见状赶紧走出团团簇拥着他的人群，三步并作两步地朝着齐白石走去，隔着很远就恭恭敬敬地喊了一声“老师”，并且满怀热情地向齐白石问好。那些参加宴会的宾客见到这一幕不由得大为惊讶，齐白石也非常感动，从此对梅兰芳颇有好感。

梅兰芳谦虚好学，从不自视甚高，他不仅称呼齐白石为老师，还曾经拜普通人为师。有一次，梅兰芳参加京剧表演，尽管现场观众的喝彩声不断，掌声也非常热烈，但是他还是敏锐地听到观众中有位老者说："不好！"演出刚刚结束，梅兰芳来不及卸妆，就赶到观众席找到那位老者，并且虚心向其求教。后来，他更是用自己的专车把老人接到家里，毕恭毕敬地说："能够给我指出缺点的人都是我的老师，既然您说我表演得不好，您就是我的老师，还望您不吝赐教，我一定积极改进。"看到梅兰芳的态度如此谦恭，老人非常感动，因而坦率地说："根据梨园惯例，阎惜娇上楼和下楼应该是上七下八，但是你却上下没有区别，上也八，下也八。"听了老人的话，梅兰芳佩服得五体投地，从此之后，他一直恭敬地称呼老人为"老师"，每当有重要的演出时，他都会主动邀请老人坐在前排观看，以便老人为他指出错误。

作为一代京剧大师，梅兰芳在京剧上的造诣很深，已然得到京剧的精髓，也把京剧演绎得出神入化。即便自己有如此高的成就，梅兰芳也从未自视甚高，而是始终怀着谦虚的心态，不但称呼齐白石为老师，甚至对于观众中普通老者的一句"不好"，他也能够虚心求教，不断提升和完善自己。正是因为对待京剧表演如此严谨认真的态度，梅兰芳才能在京剧的道路上越走越远，最终登峰造极，取得了让世人瞩目的成就。

在这个世界上，优秀的人实在太多太多，我们不管有怎样的特长和优势，都不要因此而自以为是。要知道，人外有人，天外有天，我们只有保持谦虚的心态，才能不断进取。人生的进步是永无止境的，骄傲自满的心只会让我们停止进步，甚至会让我们退步。我们唯有保持一颗谦虚的进取之心，才能勇攀人生的高峰。

摆正自己的位置，发挥最大的能力

每个人在一生之中都要扮演多重角色，小的时候是父母呵护着的孩子，长大成人之后角色越来越多样化，是父母、是爱人，也是职场上的奋斗者。这样多重化的角色，要求我们必须根据情况及时地做出调整，不但要扮演好每一个角色，更要在生活中和职场上摆正自己的位置，这样才能最大限度地发挥自身的能力。

一个人有着准确的自我定位和认知是非常重要的，否则就会在忙碌的生活中迷失自我，也会因为没有摆正位置，导致自身发展受到限制，可谓得不偿失。民间有句俗话叫作，好钢用在刀刃上。这句话的意思是说，要集中精力做那些重要的事情，也要把有限的时间和精力做出最合理的安排，这样才能提高效率，事半功倍。

如何才能摆正自己的位置呢？毋庸置疑，准确到位的自我认知和客观公正的自我评价是摆正位置的先决条件。尤其是在做难而正确的事情时，我们就更要果断选择、决绝放弃，如此才能争取宝贵的时间，占据先机，从而才能以优势获取成功。尽管说起来很容易，但是真正做起来却很难。我们必须时刻牢记的是，首先应该认清楚自己的内心，知道自己想要达到什么样的人生目标，然后才能认准目标勇往直前。否则，当我们把宝贵的时间浪费在毫无意义的事情上，就会使得时间白白溜走，也不可能拥有充实丰盈的人生。

尤其是人在职场，面对众多职位和权势各不相同的同事，我们更要摆正位置，才能恰到好处地处理好与同事之间的人际关系，也使自身的职业发展更加顺畅。纵观古今中外，大凡成功之人无一不是能够摆正自身位置的人。他们对于自己的人生有着准确到位的规划，认准目标之后就坚定不移地朝着目标前行，因而始终能够在人生的道路上一往无前，而且从未有过任何的退缩。这样的人生，显然是事半功倍的，也能够给人们带来意外的惊喜。总而言之，我们必须记住，要想拥有成功的人生，首先必须确定人生的方向，然后才能坚持做难而正确的事情。也只有摆正自己的位置，我们才能集中力量攻克难关，从而使人生顺遂如意。

进入职场以来，小敏总是无法摆正自己的位置。原来，大学期间小敏一直担任学生会主席，在走上工作岗位之后，原本作为大学同学首领的她，一下子变成了名不见经传的小角色，而且处处都要接受领导的安排和指使，还有些老同事对她颐指气使，这使她觉得非常难堪，也难以自处。如此度过了难熬的实习期之后，小敏决定不再夹着尾巴做人，而是要在工作上充分发挥主观能动性，这样也好更加积极主动，把工作做得风生水起。

有一次，小敏和其他几个老同事一起负责一个项目，小敏很不愿意让自己变成附属品，因而在那些老同事各抒己见时，她也毫不示弱，伶牙俐齿地说出了自己的真知灼见。出乎她的意料，尽管她的某些意见和老同事相左，但是老同事并没有过多地和她辩解，而是很快就同意了小敏的观点。等到项目真正开始实施之后，小敏才发现自己的理论远远脱离实践，最终导致项目失败。看着老同事事不关己高高挂起的样子，小敏后悔莫及，再也不轻易表现自己的能力了，而是老老实实地跟在看似不起眼的老同事后面虚心请教和学习。如此半年多之后，她的实践操作能力得到了突飞猛进的发展，她再也没有因为自以为是犯过错误。

对于一个职场新人而言，所谓正确的位置，就是谦虚地向老同事求教和学习。现代职场，有很多职场新人，尤其是刚刚毕业的大学生总是自视甚高，他们仗着自己学历比老同事高，就丝毫不把老同事看在眼里。殊不知，老同事大多都有非常丰富的工作经验，即使学历低一些，但是这些经验却是学也学不来的。聪明的职场新人在初入一家公司时，一定会努力把自己摆放在正确的位置上，虚心向老同事学习和求教，这样一来才能迅速提升自己，借鉴老同事的宝贵经验，从而帮助自身赢得更好的发展。

只有用正确的方法做事，才能事半功倍。对于任何人而言，好的方法才能提高做事的效率。不管我们在生活和工作中扮演何种角色，我们都应该摆正自己的位置，这样才能提高效率，才能距离成功越来越近。

看清自己的优势，走适合自己的路

一位心理学研究者说："我只看我所有的，不看我没有的。我的优势首先在我的心理。"

生活中的每个人都要努力展现自己杰出的一面，这是心理的需求，更是生存的需要。那些大声地对自己说"我就是独一无二"的人，那些在困难面前勇敢地站出来的人，总能在别人都束手无策的时候，发出自己的声音，展现自己的思想和才华。

我们可以看到，每个人都有自己的强项和弱项，也许有人的逻辑思维比较强，适合搞科研，而有人的发散思维更好、灵感更多，更适合搞艺术。其实每一个人都有自己杰出的一面，你不要因为别人的外貌、学历等不如你就产生轻视心理，也不要因为自己表面上看起来寒酸或地位卑微就心生自卑。一个人，当他发现自己的优势，释放它、让它闪光时，他的人生就会大不相同，心理也会更趋向于积极和乐观。

很多成就卓越的人士的成功，首先得益于他们充分了解自己的长处，根据自己的特长来进行定位或重新定位。

成功学专家A·罗宾曾经在《唤醒心中的巨人》一书中非常诚恳地说过：“每个人都是天才，他们身上都有着与众不同的才能，这一才能就如同一位熟睡的巨人，等待我们去为他敲响沉睡的钟声……上天也是公平的，不会亏待任何一个人，他给我们每个人以无穷的机会去充分发挥所长……这一份才能，只要我们能支取，并加以利用，就能改变自己的人生，只要下决心改变，那么，长久以来的美梦便可以实现。”

尺有所短，寸有所长。一个人也是这样，你这方面弱一些，在其他方面可能就强一些，这本是情理之中的事情，找到自己的优势和承认自己的不足一样，都是一种智慧。其实每个人都有自己的可取之处。比如说你也许不如同事长得漂亮，但你却有一双灵巧的手，能做出各种可爱的小工艺品；比如说你现在的工资可能没有大学同学的工资高，不过你的发展前途比他的好；等等。

所以，你要知道，一个人在这个世界上，最重要的不是认清他人，而是看清自己，了解自己的优点与缺点、长处与不足等。搞清楚这一点，就是充分认识自己的优势与劣势，容易在实践中发挥比较优势，否则，无法发现自己的不足，就会使你沿着一条错误的道路越走越远，而你的长处却被你搁浅，你的能力与优势也就受到限制，甚至使自己的劣势更劣，使自己处于不利的地位。所以，从某种意义上说，是否认清自己的优势，是一个人能否取得成功的关键。

当然，要想发展自身的优势，首先要做到对自我价值的肯定，这不但有助于我们在工作中保持一种正面的积极态度，进而转换成积极的行动，而且无疑是一项超强的利器。

第9章

你的心变强大了，一切困难都变小了

人的一生，说长也长，说短也短。在漫长而又短暂的一生之中，我们的人生不可能永远都平顺，更多的时候，我们会遭遇坎坷和挫折，也会受到冷落的待遇。这就像是大海中的波涛一样，既有波峰，也有波谷，但无论如何，只要我们内心强大，就能时刻保持内心的淡定从容，以平静对待波峰和波谷，那么，一切困难就小了。

雄心是成就一个人的起点

雄心不是一种无根据的狂妄，而是一种人生在世的伟大理想，一种一定要实现的宏伟目标。

不管是什么样的人，都曾期待自己有一天能够飞黄腾达，成就一番伟大的事业。但每个人最终的结果却相差很远。究其原因，就是因为雄心心理的影响。

你不敢去想象你的未来吗？如果你连想象的雄心都没有，你还能有什么成就呢？雄心是成就一个人的起点。有了它，你才能克服一切自卑、自弃，激发出你的全部潜能！有了它，你才能坚持不懈，不断学习和改进，以最快的速度完善自己！有了它，你才会不畏艰难险阻，敢于创造出别人不敢也不能创造出的奇迹。有了它，你就会开拓出金光灿烂的财富之路。

美国人类学家爱德华·洛说："雄心是进化的产物。在任何社会中，总有一些人比另一些人更激烈地追求更高的社会地位。"我们不只是吃饱穿暖就够了，还要追求更多东西。

心理学家研究发现，有些人总是雄心勃勃，凌云壮志好像与生俱来，他们总会取得非凡的成就，而另一些人似乎天生对竞争不感兴趣，满足于生活现状，他们也因此而落得平庸无奇。这就是雄心造就的两种不同的人生。研究基因的加利福尼亚大学心理学家迪恩·西蒙顿认为，“雄心”是复杂的课题。雄心是能力和决心，它同时追求结果。那些有目标没能力的人是那种躺在床上，口中说着“总有一天会造一个更好的捕鼠器”的人。而那些有能力但没有明确目标的人则会让精力在无穷的琐事中耗尽。心理学家告诫人们，雄心不仅仅是欲望的表现，同时更应该是一个人积极的人生态度的展现。雄心不等于贪婪，更不是性格的缺陷。不想当将军的士兵不是一个好士兵，雄心只是指导我们成功的灵感，没有雄心的人不会知道成功的第一步该怎样迈出。

像狼一样拥有顽强的生命力和斗志

在少数民族的图腾中，狼是一种神秘的图腾，也因为拥有强大的力量和灵性，备受人们的尊崇。不过自古以来，人们对于狼的评价褒贬不一，很多人崇尚狼的野性和力量，也有人觉得狼是凶残野蛮的。不过，从客观的角度来看，狼即便身处恶劣的环境，也能够顽强地生存，这无疑是值得我们学习的地方。

从小我们就接受文明礼仪的教育，被教诲一定要安守本分，要对人谦让，给人礼待，不要争夺别人的东西，更不要伤害他人。这些方面的教诲和规矩，无疑和狼性相差甚远，也因而这个社会上多了很多谦谦君子，而少了一些勇猛血性的人。

时代发展到今天，各行各业、人与人之间的竞争都变得更加激烈，尤其是实行市场经济以来，很多行业都必须依靠打拼才能站住脚，也因而越来越多的人意识到狼性的重要作用，渐渐地，人们开始提倡像一只狼一样在这个时代生存。当然，这也并非是说我们要完全像狼，而是说我们应该学习狼身上的闪光点，让自己变得生命力更加顽强，能够在恶劣的环境中勇敢地生存下来。

除了顽强的生命力之外，狼也是群体活动的动物。它们总是以族群的形式生存，对于同伴非常忠诚，也因此它们在自然界中才能占据统治地位，从而称霸大自然。很多生活在山里的人都害怕遇到狼，因为狼很少独自展开行动，一只独狼的身后一定有着强大的群体，如此一来，它们才能无所顾忌地发动攻击。合作与忠诚，也恰恰是现代社会的职场人士需要的品质。从古到今，大凡成功人士，无一不具备狼的品质。他们不但有狼的勇猛果敢，也有狼的聪明智慧，更有狼的凶猛强悍。

春秋时期，越王勾践在“夫椒之战”中战败，被抓到吴国当人质。为了羞辱勾践，吴王把他派到墓地看守坟墓，还让他喂养马匹。勾践忍气吞声，小心翼翼地伺候着吴王，对于吴王的任何过分举动都忍让，还佯装出卑微顺从的样子，最终打消了吴王对他的警惕和戒备之心。转眼之间，3年的时间过去了，吴王放下心来，决定放勾践回到越国生活。回到国家的勾践一时一刻也没有忘记亡国之恨，更从不忘记在吴国受到的点滴耻辱，他拒绝过奢华的生活，而是睡在干草堆上，吃着粗茶淡饭，穿着粗布衣服。为了提醒自己报仇雪恨，他还在餐桌上方悬挂着一个苦胆，每次吃饭前，他都舔一舔苦胆。除此之外，他还走入百姓之中，关心民生疾苦，也与百姓一同辛苦劳作。最终，在他的治理之下人民安居乐业，国家也渐渐富强起来。

与此同时，勾践加紧操练军队，让军队的力量变得越来越强大，最终经过10年的卧薪尝胆，国富兵强。勾践感到时机成熟，因而率领军队进攻吴国，打败了吴国，一雪前耻。而且勾践为了彻底消除后患，拒绝了吴国的投降，最终吴王夫差自杀，吴国成为了越国的领地。

越王勾践卧薪尝胆的故事相信很多人都曾听说过，这个故事流传至今，也为无数人所传诵。从越王勾践的身上，我们看到了狼性。勾践能够忍辱负重，不忘国耻，在吴国3年始终悄无声息，最终才能让吴王懈怠，放虎归山。由此一来，勾践也就有了报仇雪恨的机会。他心中无时无刻不牢记着仇恨，也知道唯有卧薪尝胆，才能最终实现心愿。为此，他就像一只蛰伏的狼那样，在回到越国的10年时间里无时无刻不对吴国虎视眈眈，也一直励精图治，粗食布衣，让自己毫不懈怠。正是因为如此顽强的毅力和坚定不移的斗志，勾践最终才能一雪前耻，也成功吞并吴国。

现代社会中，竞争日益激烈，所以我们每个人都只有变成一只来自北方的狼，才能突破层层重围，最终实现自己人生的目标。

不要装可怜，自强不息才能得到帮助

每个人都会遇到困难，这些困难，有些是我们能够依靠自身的力量解决的，有些是我们无法仅仅依靠自身的力量就能解决的。在后面这种情况下，我们就需要得到外界的帮助和支援。然而，有的时候，帮助并非从天而降，而是需要我们去争取得到的。每当这个时候，有些人会装可怜，以博得别人的同情和怜悯。其实，同情只是一种情绪。在正常情况下，当我们看到别人的不幸遭遇时，就会设身处地地为对方着想，对对方的遭遇感同身受。这是一种非常冲动的情绪，并不能够持久。所以，同情心泛滥的人，往往并不会给予别人切实的帮助。相反，有些人看起来非常理智，对于别人的不幸遭遇也不会第一时间表示同情。然而，他们却能够客观分析对方的情况，知道怎样才能够真正切实地帮助对方摆脱现在的困境。

毫无疑问，大多数人都想得到第二种同情者的帮助。然而，装可怜只能得到泛滥的同情，只有自强自立，才能得到第二种同情者的敬佩和帮助。人们常说，救急不救穷，就是这个道理。如果一个人非常贫穷，那么他一定是懒惰的，对于这样不积极面对生活的人，暂时的帮助于事无补。相反，急需用钱的人往往是因为遇到了突发的事情，一时之间资金周转不灵。这样的人平日里非常勤奋刻苦，日子总不至于过得太差。帮助他们渡过暂时的难关，他们很快就能凭借自己的努力和拼搏，改善生活的局面。这样的帮助，才是真正有意义的。看到这里，聪明的读者一定会意识到：要想得到别人的帮助，首先要自立自强。有些人一遇到困难就放弃努力，把自己弄成苦大仇深的样子，是毫无作用的。相反，只有在厄运面前自强不息的人，才值得每一个人都伸出援手，帮助他渡过难关。

徐良和张磊都在一家公司工作。他们都是销售员，很少在单位里坐着，每天都出去四处奔波，找客户、拉关系。前段时间，公司华东地区的销售总监因为个人原因辞职，这个职位就空缺下来了。对此，销售部的几个销售精英都虎视眈眈，毕竟，公司已经发展成熟，一个萝卜一个坑，这样的晋升机会可是千载难逢啊。徐良的业绩排在张磊前面，在几个销售精英中，张磊的销售业绩是最弱的。不过，张磊还是很想搏一搏，他已经年近四十了，如果没有得到晋升的话，职业生涯就算到头了。

最近，几个销售精英都拼命地跑单子、拉客户。他们心知肚明，眼下，业绩就是最强有力的竞争筹码。很快，徐良和张磊分别都签下了一个大单。然而，好事多磨，张磊的单子后期突然出现了意想不到的问题，客户解约了。眼看着，竞选的日子就在眼前，张磊心急如焚。他决定，在竞聘的时候打一张感情牌。

在参加竞聘的时候，张磊排在徐良前面。看着眼前的各位总监和CEO，张磊先是陈述了自己在公司的任职经历，然后又说了自己如果能够担任华东地区总监的举措，最后他居然毫无征兆地哭了起来。他哭得涕泪横流，说：“我在公司已经工作10年了，在这10年间，没有功劳也有苦劳吧。我任劳任怨，脏活累活都抢着干。我很需要这个职位，我的前妻和我争夺孩子，我必须在工作上有所发展，才能把孩子抢回来……”一个总监平日里和张磊关系比较好，见状赶紧给他纸巾，暗示他不要再说下去了。后来，轮到徐良竞聘的时候，徐良井井有条地介绍了自己进公司5年来的业绩情况，并且详细陈述了自己在工作中的心得和体会。从他的讲述中，不难看出他这5年来进步很快，对生产线和销售流程都完全掌握。最重要的是，他对未来的职业规划也很清晰，一看就是个干劲十足的小伙子。

毫无悬念，张磊落选了，徐良升任华东地区销售总监。后来，那个和张磊比较相熟的总监说：“张磊啊，原本你的胜算还是比较大的。但是，你想想，公司会让一个在竞聘这种重要场合涕泪横流的人当华东地区的总监吗？！公司需要的是有才华、有能力、有魄力的人，不需要一个打亲情牌的人。”听了总监的话，张磊懊悔不已。

在这个事例中，如果张磊不打亲情牌、不装可怜，也许凭借10年的工作经验，还是有一定胜算的。然而，他忘记了现代企业的生存之道。现代的企业都是参与市场竞争的，因此公司内部的各种竞争机制也非常严格。正如曾热播的电视剧《北上广不相信眼泪》的标题一样，现代企业都不相信眼泪。尤其是华东地区总监的职位举重若轻，对于公司的发展有着深远的影响，因此就更不相信眼泪啦！职场人士一定要记住，千万不要装可怜，否则必定事与愿违。

遇到突发状况，必须保持镇定

生活中，每个人都会遇到突发情况。这些情况带给我们的或者是惊喜，或者是惊吓。然而，不管是惊喜还是惊吓，我们都只能面对，不能退缩。很多人在遇到突发变故的时候，吓得失魂落魄，导致无法及时做出反应，情况反而会变得更加糟糕。很多事情一经发生，就像倒出去的水一样无法收回来，所以，我们必须学会面对。

在遭遇突发状况的时候，最重要的就是镇定。很多人会说，一些突发的情况特别惨烈，如车祸、天灾发生时，人的脑海中马上就会一片空白，如何还能保持镇定呢？与其大哭大闹大喊大叫，让自己更加失魂落魄、不知所措，不如强作镇定，或者假装镇定。也许有人觉得假装镇定是骗人的。殊不知，即使如此也要装出镇定的样子，不能大哭大叫，不能六神无主，即使百爪挠心，也要装作很平静、很理智的样子。这样的伪装不是为了欺骗别人，而是为了帮助我们保持表面的镇定。真正做到这一点之后，你会惊喜地发现，你真的镇定下来了。这就像是很多人为了控制自己愤怒的情绪，在遇到任何事情的时候，都会要求自己等待3分钟之后再做出反应，当然，有的人3分钟也无法恢复理智，那么他们会让自己过夜之后再做出决定。这种方法，都是为了帮助自己舒缓情绪、恢复理智。佯装镇定也能起到这样的效果。很多时候，情绪是有感染性的，一个人失去理智，会带动很多人都心慌意乱、手足无措。假装镇定，不但能够让别人吃一颗定心丸，也能使我们自己保持理智。曾经有心理学家研究证实，如果人在遇到突发情况的时候情绪过于激动，智商就会瞬间降低。因此，假装镇定，在帮助我们控制情绪的同时，也能帮助我们保持理智。

女儿13岁了，正在读小学六年级。适逢周末，她和同学约好去离家比较远的电影院看电影。虽然心里很忐忑，我还是答应了她的请求。毕竟，不管我多么疼爱她、无微不至地照顾她，她终究还是要离开父母的身边，独自一个人面对生活。从女儿出门开始，我的心里就忐忑不安。虽然我很想冲出去跟在女儿身后，当一个超级侦探，但是理智还是战胜了感情，我整整一个下午都心神不宁地在家里徘徊。

傍晚五点半，楼梯里传来熟悉的脚步声，我的心终于落回肚子里。看得出来，对于这次独自探险的经历，女儿也非常兴奋。她还没等坐稳，就迫不及待地向我汇报下午的情况。她们一行有4个女孩，都是同班同学。在电影院汇合之后，有个男性坐到了她们身边。男性和她们搭讪：“小姑娘们，就你们自己来看电影吗？”一个小姑娘警觉地反问道：“关你什么事？你的票是在这里吗？”看到小姑娘们警惕性这么高，男性马上调转话题，开始问：“我之前看过这部电影的介绍，你们喜欢女主角吗？”这时，小姑娘们全都提高了警惕，其中一个小姑娘问女儿：“薇薇，你爸爸怎么还没来？是不是找不到这个厅啊。你打电话问问他到哪里了，他这个大警察，可是说好今天当我们的保镖的。”听说有个警察爸爸要来，那个男性赶紧灰溜溜地走开了。几个小姑娘相视而笑，一边吃着爆米花，一边喝着可乐，开开心心地看完了电影。

我当然知道我的老公——薇薇的爸爸不会去陪伴她们看电影。他这个特警，可是每天都忙忙碌碌的，有的时候一连几天都见不到人影，哪里会有闲情逸致陪伴女儿看电影呢？不过，对于孩子们的灵机一动，用警察爸爸吓退居心叵测的男性，我还是很赞赏的。我问女儿：“当时，你们害怕吗？”女儿不好意思地笑了笑，坦白说：“其实，我们还是挺害怕的。不过，我们不能表现出害怕的样子，否则坏人就有机可乘了。我们只有佯装镇静，把假的说得跟真的一样，并且毫不畏惧，坏人才会被吓跑。”看来，女儿长大了，已经有了小小的智慧以应对突发的情况。

每个人在生活中都会遇到突发情况，尤其是当遇到坏人的时候，我们只有佯装镇定，不要慌乱，才能想出妙计吓退坏人，保障自身的安全。突发情况是形形色色的，有的时候是遇到坏人，有的时候是碰到意外事故，不管属于哪种情况，保持镇定都是我们首先要做到的。

如果想变得强大，就要越挫越勇

人们常说，机会是给有准备的人准备的。好运也是如此，好运是给强者的礼物，弱者只能躲在角落里哭泣。也许有人会抱怨，命运为何如此不公平，有些人明明已经拥有很多，命运还特别眷顾他，给他更好的人生。有些人明明已经遭受了命运的不公，但是屋漏偏逢连夜雨，依然受到不公正的待遇。《孟子》中记载："故天将降大任于斯人也，必先苦其心志，劳其筋骨，饿其体肤，空乏其身，行拂乱其所为，所以动心忍性，曾益其所不能。"这句话的意思是说，所以上天要将重要的责任托付给某个人，一定要先使他的内心遭受痛苦的折磨，使他的身体忍受疲劳，使他常常忍饥挨饿，导致他形容消瘦，饱受贫困之苦，使他做的事非常混乱，处处不能顺心如意，以使他的内心保持警惕，使他的性格更加顽强坚定，增加他原本不具备的才能。早在几千年前，古人就知道了这个道理。纵观历史长河，大凡成功的人，不管是在哪个方面获得成功，都一定遭受了比平常人更多的痛苦和折磨。所以，他们才能变得更加坚强，拥有顽强的毅力，支撑自己战胜重重困难和阻碍，最终获得成功。所有的强者，都曾是不甘心屈服的弱者。人们常说，不经历风雨怎能见彩虹，就是这个道理。我们如果想变得强大，就要越挫越勇，迎难而上。

试想，一个人如果遭受小小的磨难，就马上灰心丧气，陷入绝望的深渊，终日消沉哭泣，那么即使身边遍布机会，他也将很难发现。生活需要发现美的眼睛。如果缺乏这样的眼睛，即使身边开满鲜花，也很难闻到花香。同样的道理，生活需要发现好运的眼睛。只有百折不挠的强者，始终对生活充满希望，才能在生活的海洋上始终扬起风帆，坚定不移地驶向幸福的彼岸。

作为跳水皇后，郭晶晶承受了常人难以忍受的艰苦训练。年仅7岁的时候，其他的孩子还围绕在父母身边尽情享受无忧无虑的童年，她就已经开始接受跳水训练。在残酷的训练中，她曾经两次摔断过腿，脚踝也常年受到疾病的折磨。然而，这一切都没有让她退缩。直到2000年悉尼奥运会，郭晶晶在预赛、半决赛都领先的情况下，最终与金牌失之交臂，这使她感受到强烈的挫败感。在参加悉尼奥运会之前，她接受了魔鬼般的训练，整整100多天，都过着游泳馆和宿舍两点一线的生活，几近崩溃。所以，当只拿到银牌的时候，她在那一瞬间想到了放弃。然而，和所有成功者一样，最终，她选择用更加艰苦的训练忘记肉体和心灵的伤痛。每次训练，她都憋着一股劲，她最终接受了失败赋予她的经验，决定以自己的实力来与命运抗衡。多年以后，郭晶晶很感谢那次悉尼奥运会，正是那次失败，让她更加茁壮地成长，直到成为奥运冠军。

在悉尼奥运会之后的4年中，郭晶晶几乎包揽了国内外赛场的冠军，并且于2004年雅典奥运会成功夺冠。如今的她已然退役，成为豪门之中最朴素的媳妇儿，过着安稳幸福的生活。

如果郭晶晶当年在悉尼奥运会后放弃运动员生涯，那么，世界跳水冠军史上就少了一枚璀璨的明珠。正是因为坚持，郭晶晶才博得好运，顺利在雅典奥运会夺冠。不管是对于她个人还是对于我们的祖国，这都是一种幸运。

其实，命只是弱者的借口。当弱者被命运搏倒的时候，就会把一切归结于命。而运呢，运是强者的好运。真正的强者，正因为从不放弃，时刻做好准备，所以才能眼疾手快地发现好运、抓住好运。你想与好运相随吗？那就赶紧把自己变成强者吧！只要时刻准备着，好运一定会青睐你的！

告别软弱，学会掌控大局

在这个世界上，每个人的性格都是不一样的，有的人生性坚强，有的人生性软弱怯懦，还有的人畏畏缩缩，永远也不敢为自己代言。然而，生活是残酷的，我们并不会总是生活在父母的翼护之下。当我们独立面对生活，当我们成为某种局面的主宰者，我们又该如何做呢？也许有些人已经习惯了始终处于附属和从属的地位，他们被他人操控，并且对此习以为常。直到他们真正产生应该自己掌控局面的意识，才会发现这一切简直太糟糕了。

心理学家经过研究证实，过于深入的操控关系，最终会让被操控者失去信心。他们无论如何努力都无法使被操控者感到满意，最终也会渐渐失去耐心。由此，被操控者心中衍生出敌意，导致其与操控者之间的关系日渐紧张。最终，在剑拔弩张的关系里，他们全都受到伤害。当然，很多人对于这种操控与被操控的关系并无知觉，因而也就无所谓积极地改变。直到伤害发生，一切显然已经为时晚矣。

自从爸爸去世之后，王强始终和妈妈相依为命。妈妈从王强10岁开始，就独自抚养他长大，因而对王强寄予了很大的希望。

从小王强就很懂事，也知道妈妈很不容易。因而，他不管什么事情都对妈妈言听计从，直到他大学毕业开始交女朋友，这才与妈妈之间产生了矛盾和冲突。原来，王强喜欢一个很漂亮的女孩，那个女孩也对王强有好感，可谓两情相悦。但是，偏偏妈妈不喜欢这个女孩，她的理由是：女孩太漂亮了容易招蜂引蝶，不能好好地过日子。尽管王强再三告诉妈妈这个女孩非常优秀，也很诚实稳重，妈妈就是不同意。后来，王强不得不和这个女孩分手，顺从妈妈的心愿，与妈妈喜欢的一个女孩结了婚。

结婚之后，王强不想让妈妈伤心难过，所以与妻子安心本分地过日子。等到妻子生下一个女孩后，妈妈居然又开始对儿媳妇不满意：“要这样的媳妇干嘛，连个儿子都生不出来，简直是废物。”在妈妈几次三番这么说之后，王强终于按捺不住：“现在都什么时代了，男孩女孩都一样。”妈妈突然变得歇斯底里：“我不管，要是你媳妇3年之内不给我生孙子，你就必须和她离婚。你们老王家的根，不能到我这里就断了啊。”听到妈妈的胡言乱语，王强简直觉得无可奈何。

在这个事例中，妈妈对于王强的心态，就是典型的操纵心态。虽然妈妈独自把王强抚养长大，历经辛苦，但是如果妈妈总是这么干涉王强的个人生活，王强就会彻底被妈妈毁灭。在事例的最后，王强已经有了摆脱妈妈操控的意识，但是要真正做到这一点，还需要他下定决心，付出更大的努力。现实生活中，这种因为性格软弱被操控的事例很常见，作为被操控者，一定要下定决心摆脱操控，毕竟人生短暂，每个人的人生都只有一次。我们只有成为自己命运的主宰，才能真正地享受属于自己的人生。

在漫长的人生路上，你们是否也曾是听话的乖宝宝呢？当然，听父母的劝说和建议，孝顺父母，这些都是必须的。但是我们必须具备自己的判断力，也能够根据自身情况做出最正确合理的选择。如果一个人成为傀儡，那么他的生命还有什么意义呢？从现在开始，我们的人生，我们做主，快行动起来吧！

第10章

清除内心的蒺藜，悦纳真实的自己

哲人曾说，每个人都想成为世间最完美的精灵，然后幻化为人间至宝，畅游于大江南北。然而，作为凡夫俗子的你我，不可能完美，为此，我们每个人都要学会正确认识自我，因为只有认识自我、接纳自我，并正视不足，我们才能克服和战胜不足，命运就会向我们所期望的方向转变，只有这样，我们才能超越自卑，练就强大心灵。

不管怎样，你要努力做最真实的自己

如果自己都不喜欢自己，别人怎么去喜欢你，人活着是为了自己。

“我坚持我的不完美，它是我生命中的真实本质。”热爱自己是一个人获得幸福的起点。不论在什么时候，在何种情况下，你都需要全面地接受你自己，因为只有这样你才可以更加安心地对待自己。

但人有一种心理很奇怪，总是更喜欢自己没有得到的东西，对上天赐予的、属于自己的也不会过分珍惜。因此，人总会出现新的需求，不管得到了什么，都会不满足，不断有新的欲望。但不管怎样，你要努力做最真实的自己。

有这样一个女人，她对自己的脸蛋非常不满意，就跑去一家美容店准备整容。

第一次手术之后，女人隔一会儿就对着镜子看已经明显发生变化的自己。但看着看着，女人就觉得自己的脸蛋还是不够漂亮，于是又来到了美容店。

第二次手术之后，女人高兴得乐翻了天，逢人便炫耀自己的脸蛋是多么的迷人。但没过几天，女人就感觉脸蛋有些变样儿了，于是就又来到了美容店。

……

就这样，女人不停重复着前两次的情况：刚做完美容手术的时候，老觉得自己就是西施下凡、貂蝉在世，但过几天就觉得还是不够完美，只好再次去做美容手术。

如此折腾了8次之后，女人看着自己以前的照片，比对着镜子中“面目全非”的脸蛋，突然发现还是以前的自己最为完美。

于是，女人就求做美容手术的医生：“医生呀，您还是把我恢复到以前的模样吧！”这下子，做美容手术的医生可头大了：这个女人怎么美容手术做着做着又要求恢复到以前，哪有那么容易的事儿？

不过，在女人的苦苦哀求之下，做美容手术的医生还是心软了，就试着一点一点地把她的脸蛋往以前的模样进行恢复——历时2年，手术8次，女人总算回到了以前的自己。

这下子，女人高兴了，逢人就感叹道：“哎呀，美容来美容去，还是原来的自己最美丽嘛！”

古人云：金无足赤，人无完人。试着去接受自己的一切吧，也许在刚开始的时候你会焦灼不安抑或是如履薄冰，但很快就会全身放松进而舒畅惬意了，如此下去你会发现：自己原来如此优秀！

如果自己都不喜欢自己，别人怎么去喜欢你？人活着是为了自己，你或许会在乎别人对你的看法，但是每个人的眼光不同，看法也就不同，只要自己喜欢，何必在乎那么多。任何事物的发展都有一个循环，今天不美不流行的东西，可能明天就风靡世界。所以做自己最好，你就是你，身体发肤受之父母，接受自己才能有更多的精力去做其他事情。并且我们可以给自己积极的心理暗示，每天告诉自己“我是最美丽的，是最棒的”，那么你就会越来越漂亮，越来越自信。

心理学家也经常在质疑：美丽有标准吗？要知道，众口难调，你不一定要让每个人都喜欢你，但是一定要接纳真实的自己，不要陷入偏执的寻找中，不要拿别人的美丽与自己比较。

摆脱自卑，切勿妄自菲薄

自卑是一种消极的自我评价或自我意识，自卑感是个体对自己能力和品质评价偏低的一种消极情感。

人与人天生就有差距，在后天不同的生存环境下，差距会更加复杂化。也许你的容貌不如别人俊俏，也许你的学识不如他人广博，也许你的生活不比他人富足，但如果你要因为这些就感到自卑，甚至妄自菲薄的话，那你的生活就定会失去原本的色彩和很多已经存在于身边的快乐。

心理学家说，自卑并不是指客观上看来自己不如别人，而是人主观上认为自己不如别人，认为自己不够好，自己不值得别人对自己好，自己一文不值。观察你周围的人，是不是有人经常叹息自己不够好，别人都比自己好；上课的时候，不敢举手发表自己的意见，因为害怕自己的回答不够好；很多事情想做，但是又害怕去做，因为害怕自己做不好；一件衣服穿在别人身上很好看，但是穿在自己身上即使很合身，也不如别人穿着好看；做任何事情都会小心翼翼的，因为害怕别人说自己不够好。这些都是自卑心理的表现。

自卑是人自尊、自爱、自励、自信、自强的对立面，它严重影响一个人的健康发展。万事万物都有瑕疵存在，由于自己在某方面存在缺陷就妄自菲薄，你只会在自卑的泥淖里越陷越深。

有一个男孩，他觉得自己天性有些胆小，甚至有些自卑，这一点严重影响了他的生活。父母为此也很苦恼，于是决定带他去看心理医生。医生耐心地听完介绍，握住他的手，非常肯定地说："你只不过非常谨慎罢了，这显然是个优点嘛，怎么能叫弱点呢？谨慎的人总是很可靠，总是很少出乱子。"

少年有些疑惑："那么，勇敢反倒成为弱点了？"

医生摇摇头："不，谨慎是一种优点，勇敢是另一种优点。只是人们通常更重视勇敢这种优点罢了，就好像白银与黄金相比，人们更注重黄金一样。"

医生问："你讨厌酒鬼吗？"

少年说："当然。"

医生问："那你讨厌李白吗？"

少年说："怎么会呢？"

医生问："难道李白不是酒鬼吗？"

少年纠正医生的话："不对，李白不是酒鬼，而是爱喝酒的诗人，他能斗酒诗百篇呢。"

医生笑道："对，我赞同你的观点，弱点在不同的人身上，会呈现不同的色彩：有的喝酒人，仅仅是个酒鬼；而李白则是喝酒人中的诗仙。"

医生又说："天底下没有绝对的弱点。所谓的弱点，在一定条件下也可能成为优点。如果你是位战士，胆小显然是弱点；如果你是司机，胆小就可以说是优点。"

其实每个人在不同的时期，都会产生不同程度的自卑心理。任何人都无法做到没有一丝缺陷，关键是你怎样看待。

心理学家说，产生自卑的原因有很多，有的人喜欢用过高的标准审视自己，结果使自己永远处于达不到要求的失败地位，导致自卑感的产生；有的人很在意别人对自己的评价和看法，对于别人的贬低往往产生自卑心理；有的人错误地把别人对自己的夸奖当作讥讽，他们感受到的信息就带有自我否定的倾向性，他们就会越发感到卑微、低下；有的人对于家庭或自己的经济收入以及地位感到不满，对于物质生活和精神生活的攀比也会产生自卑的心理；有的人由于身体的缺陷不能像正常人那样生活也会产生自卑的心理；等等。

斯宾诺莎曾说，最大的骄傲与最大的自卑都表示心灵软弱无力。自卑是一种可怕的消极情绪，它使人遇事总是认为"我不行""这事我干不了""这项工作超过了我的能力范围"，大部分的人没有试一试就给自己判了死刑。心理学家告诫人们，其实，任何人都无须自卑，每个人都有自己的特点，重要的是你要多看自己的长处。

尽力足矣，别苛责自己

生活中，相信很多人都被告诫过，做人做事都要认真、努力，这会使得你更加完美，会不断进步。我们鼓励认真的态度，是为了让自己的人生变得幸福和充实，然而，生活中却有一些人，他们对自己太过苛刻，无论做什么事，都要求自己做到百分之百，不允许犯一点小错，不允许生活有一点瑕疵，结果常常因为对自己太过苛求而搞得身心疲惫不堪。其实，有缺憾的人生才是真实的人生，我们固然要有追求完美的态度，但凡事努力就好，无须尽善尽美。

在我们工作或生活的周围，有这样一些人，他们对自己定位过高，在他们看来，没将事情做得完美，还不如不做，他们从不允许自己失败，一旦自己某次工作没做到位，他们便茶不思饭不想、神情恍惚，其实这都是苛求自己的表现。他们通常比那些执行力强的人少了些灵活性，一旦他们被坏情绪缠绕，他们便失去工作动力，也就变得做事拖拉。

并且，这类人高高在上、看似完美，但却没什么朋友，人们也不愿意与之交往，这就是因为他们用完美给自己树立了一个高大形象，反而让人们敬而远之。因此，你可以明白的一点是，拒绝完美，凡事都不要逼自己，允许自己做不到一百分，你会发现，这样才会活得轻松。

可以说，一个人对自己有高标准的要求是有益处的，它能使我们在正确的轨道上行走。然而，凡事都有度，过度就会适得其反。对自己要求太高，很容易让一个人对自己过分苛刻，陷入极端状态。例如，当他犯了一点错误时，他便会悔恨不已，甚至会妄自菲薄，贬低自己；那些自控力太强的人时刻会警惕自己的行为是否得当，他们会比那些凡事淡定的人活得更累。

人们常说，什么事情都该有个度，追求完美超过了这个度，心里就有可能系上解不开的疙瘩。我们常说的心理疾病，往往就是这样不知不觉出现的。对待自己的错误不依不饶的人，总是不想让人看到他们有任何瑕疵，他们给人的感觉是过分宽容，看似开朗热情，其实活得很累。

36岁的宋梅可以说是典型的女强人，她在一家贸易公司担任主管，每天忙得焦头烂额，就如她说的："连恋爱和结婚的时间都没有。"

宋梅所在的这家公司虽然规模不大，但是事情却很多，而宋梅又是个喜欢事必躬亲的人，整个公司上下，大到公司的业务订单，小到快递的电话都要接，然而，即便如此，她还总是觉得自己做得不到位。

一次，公司的一名国外客户前来商讨业务事宜，宋梅原本让公司小王去应酬，但想想还是自己亲自去，谁知宋梅完全不会喝酒，经不住客户的几句劝酒就醉了，然后说了些抱怨工作累、薪水低的话。

第二天清醒后，她懊恼不已，认为这样不仅有损公司的形象，也可能会传到经理的耳朵里，因为当时小王也在场。为这事，她接连几天茶不思饭不想，一天到晚迷迷糊糊，工作状态很糟糕。

这天下班，宋梅在电梯里居然遇到了小王，窘迫难堪的她还是问候了下属："累吧，回家多休息。"

"没有主管累，那天多亏你，不然我肯定连家都回不了了。"

"那天你也喝醉了吗？"宋梅问。

"是啊……"

宋梅这才明白，原来她所担心的事根本不存在。

案例中的宋梅就是个苛求自己的人，因为担心自己酒后失言可能给自己带来的后果而总是烦躁不安，影响了工作，而事实证明，她的担心是多余的。

完美主义者做事谨小慎微，对自己和他人都要求十分严格，总是认为事情做得不到位。他们太过于专注小事而忽视全局，这主要是因为他们性格上的原因，他们对自己要求过于严格，同时又有些墨守成规。通常情况下，因为他们过于认真、拘谨，缺少灵活性，他们比其他人活得更累，更缺乏一种随遇而安的心态。

因此，当你失败了，或者事情没有做到位的时候请原谅自己。想一想，如果你的好朋友经历了同样的挫折，你会怎样安慰他？你会说哪些鼓励的话？你会如何鼓励他继续追求自己的目标？这个视角会为你指明重归正途之路。

德国大文学家歌德曾说：“谁若游戏人生，他就一事无成，谁不能主宰自己，永远是一个奴隶。”就一般人而言，对自己没有高标准的要求，缺乏自控能力，一般不容易实现自己既定的人生目标，难以获得家庭的幸福和事业上的成功，其情绪容易受外来因素的干扰，使其行为与人生目标反向而行。但对自己不必太过苛刻，否则会带来反作用。

因此，我们每个人都要记住，再美的钻石也有瑕疵，再纯的黄金也有不足，世间的万物没有纯而又纯和完美无瑕的，人也不例外。我们每个人都不可能一尘不染，在道德上、在言行上都不可能没有一点错误和不当。人总是趋于完美而永远达不到完美。因此，你不必对自己和别人做过高的不切实际的要求。

真正地了解自己，才能更好地把握人生

每个人从呱呱坠地开始，就不断成长。从娇嫩的婴儿，到渐渐走向成熟，要经历漫长的过程。在此过程中，不但身体不断成长，人的心智也会不断成熟。当然，心智成熟的过程并非像身体成长那样水到渠成，可以说，人的心智成熟是漫长的也是艰难的。心智的成熟，更多需要不断进行自我反省，发现自己。尽管人人都觉得对自己是非常熟悉的、毫无嫌隙的，然而实

际上，每个人对自己都很陌生。一个人只有真正地了解自己，才能不断自省、不断成长和完善自我，也才能更好地欣赏别人。

在这个世界上，每个人都是独一无二的个体。虽然人与人都是同类，但是哪怕是长相完全相同的双胞胎，也往往性格迥异。正如一位名人所说的，这个世界上绝没有两片完全相同的树叶，也绝没有两个完全相同的人。每个人都是独特的个体，每个人都拥有完全属于自己的世界。我们唯有更好地了解自己的内心，才能更好地了解他人，也才能以更加积极热情的态度投入生活。可以说，一个人唯有正确地认知自己，才能更好地把握人生，也才能更加积极地拥抱人生。

假如你们想要成就自己独特的人生，就从现在开始努力了解自己吧。当你看着镜子里的自己，你会发现原本自以为熟悉的面容在镜子里显得那么陌生。当你审视精神上的自我，你会发现曾经的自以为了解只是自以为而已。我们只有真正客观公正地了解自己，也虚心积极地改变自己，才能在人生的路上越走越远，才能如愿以偿地距离成功越来越近。认识自己，是把握人生的第一步，没有人能够略过这一步获得成功的人生。

坚持本色，你是独一无二的

大千世界，芸芸众生，你随着汹涌的人潮生活，是否还记得自己是谁？在人群中，我们最容易迷失自己，因为我们放眼看去，每个人都那么优秀、那么独特，都值得我们学习和模仿。然而，千万不要因为模仿别人而失去自己，否则你就是东施效颦，徒劳地招惹别人嘲笑你、讥讽你。也许有人会说，我们不是应该学习他人的长处吗？学习并非盲目地模仿，而是根据自己的需要，吸取别人的优点，摒弃别人的缺点。不管你多么勤学，都不要因为学习别人而失去自己的特点。在这个世界上，没有两片完全相同的树叶，也绝没有两个完全相同的人。每个人都是最独特的，不管是好还是坏，这种独特都无法复制。就像大明星最害怕撞衫一样，难道你们想让自己变得和别人一样吗？只有保持自我的本色，你才是你。

现代社会，随着医学美容技术的发达，很多明星都去整容，让自己变得更加完美。试想，假如这个世界上的每个女人都长得一样，那么还有什么美丑之别吗？假如这个世界上的每个男人都和施瓦辛格一样强壮，还有男子汉的称谓吗？正是因为有所区别、有所比较，这个世界才有了各种相对的概念，诸如美和丑、善和恶。很多时候，我们做事情难免被他人评判。只要我们坚信自己是对的，就无须人云亦云地改变。归根结底，每个人都站在自己的角度看待问题，很难做到设身处地地为别人着想。我们唯一需要做的，就是问心无愧，坚持自我的本色。很多时候，人们痛苦不已，是因为发现自己和理想中的自我完全不同。对于人类来说，这是一种莫大的不幸。因此，我们不能人云亦云，亲手去造成这种不幸局面的出现。唯有坚持本色，才能让我们身心合一，心灵安宁。

很小的时候，露丝就因为自己长得太胖而自卑。尤其是她的脸，那么白白胖胖，使她看起来比实际上更胖。遗憾的是，露丝的母亲非常因循守旧，她从来不给露丝穿漂亮的衣服，因为她认为爱好打扮不是正经女孩应该做的事情。就这样，露丝从小就穿着肥肥大大的破旧衣衫，这使她更加自卑了。上学期间，露丝从来不和其他小朋友一起玩，因为她担心自己这么胖会被人嘲笑，又担心那些漂亮得像花蝴蝶一样的小伙伴嘲笑她肥大破旧的衣服。露丝越来越敏感，她自卑而又害羞，一向羞于见人。

后来，露丝嫁给了一个好心眼的丈夫。她丈夫的全家人都非常友善，总是积极地鼓励她，不管她做什么事情都支持她。然而，这并没有改变露丝的自卑和胆怯。尽管露丝心里也非常想表现得像正常的女孩那样，但是她失败了。家人看到露丝竭尽所能地改变自己，却因为根深蒂固的自卑怯懦把一切搞得更加糟糕，也非常伤心。然而，他们越是费尽心机地鼓励露丝，露丝就越发紧张，恨不得躲到没有人的角落里再也不出来。最坏的时候，露丝甚至一听到门铃响就躲进屋子里。为了不让丈夫发现自己的异常，露丝总是在公共场合表现得特别高兴。这种伪装的高兴过于夸张，反而把事情搞砸了。露丝的自信心消失殆尽，她甚至想到了死。然而，这一切都因为一句话改变了，露丝突然之间就变成了一个快乐的人。

这句神奇的话是婆婆说的。有一天，露丝正在和婆婆聊天。当说起如何教育孩子的时候，婆婆漫不经心地说："教育孩子没什么难的，无论什么情况下，我对他们都只有一个要求——保持本色。"简简单单的四个字——保持本色，让露丝茅塞顿开。刹那间，露丝明白自己为什么一直以来那么苦恼了：她没有保持本色，而是企图让自己变成另外一个人。这句话给了露丝极大的自信，从那之后，她开始保持本色。她不再因为肥胖而心生自卑，而是努力发现自己的优点，学会搭配服装，选择最适合自己的颜色，把自己打扮得更加时尚和养眼。婆婆的话不但改变了露丝穿衣打扮的风格，还改变了她的性格。露丝不再自卑怯懦，而是开始尝试着交朋友。虽然第一次参加小型社团活动时，露丝吓得要死，但是她每参加一次社团活动就变得更有勇气。如今，露丝变得非常快乐。在教育孩子的时候，她和婆婆一样，对孩子唯一的要求就是：保持本色。

露丝的痛苦经历告诉我们，永远不要企图把自己变成另外一个人，不管那个人多么完美、多么受欢迎。归根结底，他都不是你，而你只有成为自己，才是最轻松惬意、最快乐的。无数人生活的经验告诉我们，一个人要想快乐地生活，最重要的就是成为独一无二的自己。每个人都有适合自己的生活方式，我们无须因为任何要求强迫自己改变。

现代社会，很多年轻人都觉得困惑和迷惘，不知道自己应该怎样生活。其实，答案就在我们的心中。不管什么时候，我们都应该遵循内心的指示，让自己获得本真的快乐。

第11章

控制内心的欲望，别让贪欲压倒希望

现代社会，我们每个人都有自己的追求，追求更好的物质生活、名利、地位等，但与此同时，我们越来越累，之所以累，就是因为我们追求的越来越多，其实，欲望无止境，有追求固然是好事，但凡事有度，如果被欲望控制，就会成为欲望的奴隶，更无法享受奋斗的快乐，而要想活得轻松，就得控制内心的欲望，那么，你收获的就是一颗平常心，一份淡然的快乐！

随时修剪欲望，别让它控制你

有些人抱怨，活得真累。而他们为什么活得累？就是因为要的东西太多。情感、物质、名利，不但要拥有，还要拥有最好的。于是乎，追求无止境，欲望无止境，好不容易得到了，又这山看着那山高。于是乎，还得追求，还要奋斗。好不好呢？好。人如果没有了追求，岂不成了行尸走肉！但凡事有度，如果因为追求更高、更好而放弃了已经拥有的东西，如果因为奋斗失去了享受的过程，那就本末倒置了。毕竟，不是每个人都能成为比尔·盖茨，也不是每个人都能成为商界精英、政界豪客。所以，要想活得轻松，就得学会放下。放下无止境的追逐，放下永不知足的欲望，那么，你收获的就是一颗平常心，一份淡然的快乐！

在物质财富极大丰富、文化多元的现代社会，人们的需求和欲望不断地膨胀，人们很容易在追求物质的感官享受中逐渐迷失自我，像一艘失去航向和动力的大船，或远离航道，或停滞不前。事过之后才清醒，却只有追悔莫及，抱憾终生。

在俄国诗人涅克拉索夫的长诗《在俄罗斯，谁能幸福和快乐》中，诗人找遍俄国，最终找到的快乐人物竟是枕锄瞌睡的农夫。是的，这位农夫有强壮的身体，能吃、能喝、能睡，从他打瞌睡的倦态以及打呼噜的声音中，无不飞扬和流露出由衷的开心。这位农夫为什么能开心？不外乎两个原因：一是知足常乐，二是劳动能给人带来快乐和开心。

法国杰出作家罗曼·罗兰说得好，“一个人快乐与否，绝不依据获得了或是丧失了什么，而只能在于自身感觉怎样。”

可能自从你走出学校后，就一直在努力奋斗，而现在的你也已经有了自己的事业，甚至日进斗金，腰缠万贯。但你发现了吗，你很难快乐起来，那么，你要反省一下，你的生活中可能缺少了点什么，那就是一份平和的心态。要知道，获得越多，并不一定越快乐，一个人只要心平气和，就可以活得快乐！

为梦想奋斗，但别被名利迷乱双眼

生活中，人们常开玩笑说：“梦想很丰满，现实很骨感。”的确，我们每个人来到这个世界上，都想在这个世界上留下点什么，我们都历经了艰辛、困难、挫折、失败，变得沮丧，变得没有自信，从而放弃了原本的努力和追求，我们是如此的无奈。但是，成功的能有几个？大部分人都是平凡的人，碌碌无为地、平凡地度过这漫长的一生，虽然我们每个人都有着属于自己的梦想，但是为了生活、为了生计，却与当初的梦想背道而驰。这应该是大部分人的成长轨迹。然而，也有一部分人，年少时他们也曾有着自己的梦想，但在不断地追求梦想的过程中，他们经受不住来自外界的诱惑，逐渐被尘世中的名与利迷乱了双眼，贪念越来越大，并在名利中沉沦下去，而当他们回首过去，却发现，自己已经离当初的梦想越来越远了。

陈瑞和宋林是很好的朋友，他们一起从家乡偏远的小城镇考到了上海数一数二的名牌大学的建筑系。在高中时代，陈瑞的成绩明显地盛过宋林一筹，但这种现象在大学时期并不是很突出。在四季的更替中，4年的大学生活很快就结束了，宋林由于善于交往，有着不错的人际关系，毕业后落脚在上海，而且还捞到了一纸上海户口。而陈瑞则在毕业之前因家里父亲病重而回了趟家，考研及毕业联系就业单位的事情全耽误了。随后他一路不顺，在上海尝试到几家公司去应聘，均失败。最后，他回到了老家的食品厂就职。

在刚开始时，陈瑞对于工作很不适应，这里的人也与他格格不入。他仍然保有考研的志向，并坚持学习着。但离下次研究生考试还有近一年的时间，他在这漫长的等待中煎熬着。

在接连收到单位发放的还算不错的工资和奖金后，陈瑞似乎觉得有些满足了，他渐渐地适应了小镇的环境和单位的境况，而且也学会了揩油，时不时也能尝到在这里工作的甜头。后来，考研的话越来越少地被他提起，他似乎开始享受这种不愁吃喝的生活。没多久，有人开始给他做媒，单位也决定给他分房、涨工资……

就这样，一晃10多年过去了，他依旧在食品厂工作着，但不同的是，现在他的生活安逸多了，他晋升成了厂子里的副总，开着名车，住着别墅，他风光极了。可是一起事件结束了这一切。原来，他为了扩充食品厂的厂房基地，看中了市郊的某片地，在投标的过程中，他使用了一些非法手段，当然，这些被曝光后，他只得身陷囹圄。

其实，生活中，和故事中的陈瑞一样，因为一些蝇头小利而放弃自己当初的梦想，甚至自甘堕落者并不少见。

的确，从小到大，每个人都会有许多梦想。有人说，“年少时，梦想往往很远大；成年后，梦想常常会缩小。步入盛年，我们的梦想或许越来越少；但是，我们的梦想不再不切实际，而是可以通过努力去实现。”但实际上，年少时的梦想本来同样可以实现，只是很多时候，在名利的追逐中，我们把它搁浅了。的确，名利的车轮沉重缓慢地碾碎了许多人的梦想。

那么，我们如何做到在追求梦想的同时不在名利中沉沦呢?

第一，树立正确的人生态度。

人生态度，是贯穿于人的一生的，它具体表现在人们对于人生所遇到的每个问题的态度，这种态度决定了人们的行为。当然，人们的人生态度不同，在人生的每个阶段的态度也有所不同，但正是因为人生的态度不同，从而引发了不同的人生结果。

一个人只有拥有正确的人生态度，才能正确处理好人生道路上的种种问题，才能获得成功、圆满的一生，否则，他不仅在每个具体问题上失败，而且他的一生也不会有一个好的结局。

第二，坚信自己的梦想。

有人说，人生路漫漫，人生路奇妙，因为各种突如其来的选择，我们与许多本来有缘的道路绝缘，又会走上本来不应产生关系的道路。你需要做的是，树立正确的人生目标，赶快企划自己的人生，永远给自己一个新的机会，才能离属于你的舞台越来越近！

先学会放下，我们才能不断向上

我们都知道，执着是一种良好的品质，是认准了一个目标就不再犹豫，坚持去执行，无论在前进中会遇到任何的障碍，都决不后退，努力再努力，直至目标实现。在我们追求梦想的过程中，更需要这样的意志力，因此，历来，执着都被公认为一种美德，然而，过分执着就变成了固执，这是一种弊病。固执的人之所以固执，是因为他们对于自己要做的事心存执念，他们认准了目标后便不再回头，撞了南墙也不改变初衷，直至精疲力竭。

因此，有时候，要想重新审视自己的行为，你就必须首先放下那些无谓的执念。只有先学会放下，我们才能不断向上。

俗话说，拿得起，放得下；反过来理解，放得下的人，才能拿得起；该扔的扔，有些无谓的坚持是没有任何意义的。放下既是一种理性的决策，也是一种豁达的心胸。当你学会了放下，你就会发现，你的人生之路会宽广很多。

的确，人的一生不可能什么都得到，相反，有太多的东西需要我们放弃。爱情中，强扭的瓜不甜，放手的爱也是一种美；生意场上，放下对利益的无止境的掠夺，得到的是坦然和安心；在仕途中，放弃对权力的追逐，随遇而安，获得的是一份淡泊与宁静。

古人云：无欲则刚。真正的放下，才是一种大智慧、一种境界。因为不属于我们的东西实在太多了，只有学会放弃，才能给心灵一个松绑的机会。表面上看，放下了就意味着失去，所以是痛苦的，然而，如果你什么都想要，什么都不想放下，那么，最终你什么都得不到。人生苦短，无非几十年，有所得也就必有所失。只有学会了放弃，我们才会拥有一份成熟，才会活得坦然、充实和轻松。

从前，有甲、乙两个人，他们生活得十分窘迫，但两人关系却很要好，经常一起上山砍柴。

这天，他们和以往一样上了山，走到半路，却发现了两大包棉花。这对于他们来说，可以说是一大笔意外之财，可供家人一个月衣食丰足。当下，两人各自背了一包棉花，赶路回家。

在回家的路上，甲眼前一亮，原来他发现了一大捆上好的棉布，甲告诉乙，这捆棉布可以换更多的钱，可以买到更多的粮食，应该换作背棉布。而乙却不这么认为，他说，棉花都已经背了这么久了，不能就这么放弃了，乙不听甲的话，甲只好自己背棉布回家。

他们又走了一段路，甲突然望见林中闪闪发光，走近一看，原来是几坛黄金，他高兴极了，心想这下全家的日子不用愁了，于是，他赶紧放下肩上的棉布，拿起一个粗棍子挑起黄金。而此时，乙仍是不愿丢下棉花，并且他还告诫甲，这可能是个陷阱，还是不要上当了。

乙不听甲的劝告，甲只好自己挑着黄金和乙一起赶路回家。走到山下时，天居然下起了瓢泼大雨，两人都湿透了。乙更是叫苦连天，因为他身上背的棉花吸足了雨水，变得异常沉重，乙不得已，只能丢下一路辛苦背着舍不得放弃的棉花，空着手和挑黄金的甲回家去。

故事中的甲和乙为什么在收获上会有如此的不同？很简单，因为背棉花的乙不懂变通，只凭一套哲学，便欲强渡人生所有的关卡。而甲则善于及时审视自己的行为。的确，在追求目标的路上，应审慎地运用自己的智慧，做最正确的判断，选择属于自己的正确方向。同时，别忘了随时检视自己选择的角度是否产生偏差，适时地进行调整，千万不能像背棉花的乙一般，时时留意自己执着的意念是否与成功的法则相抵触，追求成功，并非意味着必须全盘放弃自己的执着，去迁就法则。只需在意念上做合理的修正，使之契合成功者的经验及建议，即可走上成功的轻松之道。

其实，生活中的我们也应该想一想，我们是否也心怀执念而让自己钻入了死胡同。坚持多一点就变成了执着，执着再多一点就变成了固执。人应该执着，但不应该错误地坚持一种想法，有时候，你可能没意识到的是，你坚持的想法是虚妄的。因此，我们应当学会放下，找到新的出路，重新审视自己的生活。

古人云，鱼和熊掌不能兼得。如果不是我们该拥有的，那么我们就得学会放下。人生注定要经历多姿多彩的风景，唯有放下具有别致的风韵。过去常听人说，人要懂得放弃。放弃是对事物的完全释怀，是一种高妙的人生境界。而放下则更具有丝丝缕缕的难舍情怀，是一首悠扬的乐曲，在每个人的心底奏起。

总之，在我们的人生中，执着固然是可取的，但是某些执念必须放下。例如，那些已经被得知或者求证的、已经板上钉钉儿的不可能成为现实的目标，你就必须果断地放弃；在现实世界中完全不能被应用的目标，你也必须理智地放弃；权衡利弊之下，得出的结论是完全没有实施的必要的目标，你也必须放下……

合理节制自己的欲望，保持平常心

人们常说“欲壑难填”，的确，尤其是对物质欲望、富贵荣耀、名利的追求，更是无穷无尽，而这些很可能会让我们迷失自己。保持一颗平常心，拿捏好尺寸，才能得之淡然、失之坦然，才能合理地节制自己的欲望。

《论语别裁》中说：“有求皆苦，无欲则刚。”其实，欲是人的一种生理本能，每一个人都有形形色色的“欲”，有的时候，合理的欲望是人们生存的原动力。不过，凡事都不可过度。假如对欲望不加以合理的控制，人们就会有越来越多的贪念，最终导致欲壑难填。在生活中，越来越多的贪心人被物欲、财欲、权欲等迷住心窍，攫求无度，终至纵欲成灾。然而，一个人活着就无法摆脱各种各样的欲望，只要有欲望，就会有所求，而有所求又必然导致人们与痛苦纠缠。

其实，不管你是在温室中成长还是在困苦中挣扎，欲望都会存在于你的心中，欲望可以成为我们的信念，支撑我们渡过难关，但是欲望也像鸦片，容易上瘾。皮埃尔·布尔古说过：“人们常常听到这样一句话：‘是欲望毁了他。’然而，这往往是错误的。并不是欲望毁了人，而是无能、懒惰，或糊涂。”

人不能改变过去，也不能控制将来，人能控制改变的只是此时此刻的心念、语言和行为。过去和未来的东西都虚无缥缈，只有当下才是真实的。因此，一个人的生命不管能否长久，生命过程都应该是丰富多彩的，无论人的生命长久与短暂，人生的道路应该是宽阔有风景的，享受过程应该是愉快幸福的。

一个已经退休的富翁在海边买了一套房子，以安享晚年，这天，晚饭后，他在海边散步，看见一个衣衫褴褛的渔翁也躺在附近悠闲地晒太阳，便好奇地问道：“你为什么不打鱼呢？”

“为什么要打鱼呢？”渔夫反问道。

“挣钱买大渔船啊！”

“再以后呢?”

“买了渔船就可以打很多的鱼，然后你就有钱了。”

“有钱了又能怎么样呢？”

“你就不用打鱼了，可以幸福自在地晒太阳啦!”

“我不正在晒太阳吗？”

富翁哑口无言。

是啊，有时候我们苦苦追求的所谓的幸福与快乐，其实就在眼前，那又为什么不知足呢？我们中的很多人，也许经过多年的打拼和艰苦的奋斗，才会有所成就，难道一生就如此忙碌地拼搏到死吗？其实，享受真正的人生之旅比直到旅程结束时还没有感受到快乐要幸福得多。

然而，关于欲望，拿起来容易，舍下却难。生活在商品经济的大潮里，每个人都要面对物欲横流的红尘世界诱惑，那些纷纷扰扰的现实，时刻都在迷惑着眼球，欲望追求加快了人们前进的脚步，总觉得不远处的鲜花和掌声正在向我们招手。其实，舍弃这些无止境的欲望也并非难事，只要我们学会关注眼前的幸福，体会人生，去欣赏生活中点滴的美好，我们的心境自然会豁然开朗。可见，有时我们要懂得享受过程，真正让我们得到满足的也是过程，人的一生也是如此，最美的不是结果，而是人生的旅途。

其实，陷入诱惑的泥潭，源于内心的欲望。欲望就像毒品，是会上瘾的，当你一次满足了之后，就会不断地想要更多，那根本就是一个无法填满的无底洞，于是，你越来越难以抵御外面世界的诱惑。最后，人被欲望所控制着，甚至成为了欲望的奴隶，并最终被那些诱惑所吞噬。所以我们应该记住：想成大事，必先克制内心的欲望，学会抵御外面世界的种种诱惑。

其实，要想控制自己对名利的欲望，我们就需要修炼自己的心性，使自己淡泊从容。但是，淡泊是一种很高的人生境界，淡泊是一种品质、一种德行、一种修养，值得你用自己的一生去追寻。当然，所谓的淡泊并不是指无欲无求。众所周知，人生就是由一个个欲望组成的，合理的欲望是人生的原动力。所以，淡泊指的是正确地取舍，属于我的，当仁不让，不属于我的，千金难动其心，这才是真正的淡泊。

我们都是平凡的人，不可能做到无所追求，但生命只有一次，而且时间是有限的，人生在世只有短短的几十年而已。所以，每个人都应该珍惜自己的生命，在有限的时间里不要让自己太疲惫，要让自己过得快乐一点。人活一世为了什么？就是为了快乐，快乐是人生最大的财富。

总之，生命的过程不可能重新来过，因此，我们必须珍惜这仅有一次的生命。面对名利，我们必须学会自控，充实自己的内心，坚守自己的心灵，以清醒理智的态度步履从容地走过人生的岁月。只有这样，我们的生活才会更加轻松自在，我们的人生才会丰富多彩，豁然开朗！

告诫自己别贪婪，才不会迷失自己

我们都知道，人的精力是有限的，只有懂得舍弃，做最适合自己的事，才能身轻如燕地前行。其实，我们在生活中经常会面临很多选择，而有选择，自然就会有放弃。因为鱼与熊掌不可兼得，那么，哪个会被你忍痛割爱？人生旅途中，经常会遇到三岔路口，该何去何从？

对此，我们始终要记住的一点是，这个世界的每一个角落里，都充满了诱惑。各种各样的诱惑像空气一样，无所不在，无孔不入。我们只有始终告诫自己别贪婪，才能找到自己的位置，才不会迷失自我。

有这样一个很有趣的故事：

在仙雾缭绕的山中，有一位仙子，她有伟大的神力，可以决定什么花开成什么颜色、什么样子。

有一朵蓓蕾，它非常美丽，很受仙子喜爱，仙子给了它优先选择颜色的特权。然而，令仙子失望的是，蓓蕾因为选择太多，又一直拿不定主意，一直没有开花。在花季过了之后，仙子在山谷中发现了她——一朵未及开放便枯死了的蓓蕾，只是因为它选择太多却始终无法做出选择。

这朵蓓蕾之所以会最终凋谢，就是因为它什么都想得到，最终错过了花期。其实，我们人类何尝不是在重复着这样的悲剧呢?

的确，很多时候，我们遇到的选项都是非常具有诱惑力的，但却不能同时拥有。在选择时，我们往往会斤斤计较、患得患失、优柔寡断。由于在矛盾中停留太久，什么都想得到，最终却什么都没得到。生活的辨证法就是如此。我们知道，有得就有失，有失也有得，得与失是矛盾的统一体。在鱼和熊掌不可兼得时，你必须有取有舍。取就必须舍，舍了才能取。例如，要成功就必须放弃享乐；选择家庭的同时就得放弃单身生活的很多自由空间；选择内心平静的同时就得放弃对权力和金钱的角逐。

人的一生中，总要面对各种选择。很多时候，还必须对遇到的多种可能做出单项选择。例如，未婚时遇到了两个以上令自己心动的异性；有了幸福家庭后却又发现了让自己更为心仪的目标；毕业生选择就业时遇到两份同样待遇丰厚、前景良好的工作；购物时，琳琅满目的商品哪样都令人爱不释手；等等。当遇到多个选项、鱼和熊掌又不可兼得的时候，你有能力和魄力做出明智正确的抉择吗？

选择是一门看似简单却十分有讲究的艺术。人的一生，就是一个不断进行选择的过程。选择的正误和效率，是一个人价值取向、思想水平、道德意识和判断能力的综合反映。

一些看似无谓的选择其实是奠定我们一生重大抉择的基础，古人云：“不积跬步，无以至千里；不积小流，无以成江海。”无论多么远大的理想、多么伟大的事业，都必须从小处做起，从平凡处做起，所以对于看似琐碎的选择，也要慎重对待，考虑选择的结果是否有益于自己树立的远大目标。

有选择就必然有放弃，而放弃，对每一个人来说，都是一个痛苦的过程，因为放弃意味着永远不再拥有，但是，不放弃，想拥有一切，最终你将一无所有，这是生命的无奈之处。如果你不放弃眼前的热烈，就无法享受花前月下的温馨……生活给予我们每个人的都是一座丰富的宝库，但你必须学会放弃，选择适合你自己的，否则，生命将难以承受！

生活中，每个人都有着不同的发展道路，面临着人生无数次的抉择。当机会接踵而来时，只有那些树立了远大人生目标的人，才能做出正确的取舍，把握自己的命运。树立了远大目标，面对人生的重大选择就有了明确的衡量准绳。孟子曰，舍生取义，这是他的选择标准，也是他追求的人生目标。

在面临选择时，我们必须清楚地知道，我们需要什么，哪些才是对自己最重要的，哪些才是最适合自己的。

有时候，我们选择的似乎只是如何处理问题的方式方法，但实际上却也是在对自己的人品、人格做出选择。选择必须考虑到社会效益，不能因一时之快或蝇头小利而失去做人的道德、良心和他人的信任。

总之，人生的大多数时候，无论我们怎样审慎地选择，终归都不会尽善尽美，总会留有缺憾。但缺憾本身也是一种美。我们不妨想想，就连权倾天下的统治者都无法拥有天下所有的美好，何况是常人。既然做了选择就不要再后悔。只要是最适合自己的，就是明智、理性和智慧的选择。

第12章

享受独立的爱情，感情不该成为你的软肋

有人说，爱情是世间最美好的词语，爱情是人们亘古不变的向往，然而，相爱容易相处难，爱情是一门学问，需要我们好好经营，更需要我们摆正心态。我们要明白，爱情绝对不是人生的全部，更不是生活中的唯一，最好的爱情是相互独立，又彼此相依，只有这样，我们才能以最好的姿态爱别人，也爱自己。

婚姻的本质是一场共赢的合作

这个世界上有多少种家庭，就会有多少种相似的幸福。这些幸福尽管相似，却绝对不会完全相同。这是因为，每段婚姻的经营模式都是完全不同的。有的夫妻一生之中举案齐眉，有的夫妻从未断了吵吵闹闹，还有的夫妻打破了脑袋再和好，也有的夫妻好得就像一个人，整日卿卿我我……不管是怎样的夫妻关系，只要能够维持和延续下去，就都是一种合作关系。也许有人会说，合作关系听起来太冷漠，不符合爱情的本质。的确，爱情和婚姻根本不是一码事。爱情是浪漫，是朦胧，是可以不顾一切的。婚姻则不同，婚姻必须脚踏实地，必须清清楚楚，还要兼顾家庭的诸多成员。当然，婚姻的合作关系和商场上、政坛上的合作关系不同，不但有利益，更多的还有感情，诸如爱情、亲情、友情、母子之情、父子之情等。这些感情让婚姻变得更加有血有肉，更加丰富充盈。这种关系的本质取决于婚姻的双方。在很多影视剧上，我们都曾看过大家族的联姻。这样基于利益的婚姻，更多的是生意上的往来和共赢。当然，我们也没少看那些同生共死的婚姻。这样的婚姻，基于纯粹的爱情，因而能够共渡难关，执手不离。大多数平凡的婚姻，需要我们用心去经营。就像修理一盆盆景，你要想让其长出自己心仪的造型，就必须耐心地经常修理，慢慢引导。婚姻也是如此。

在婚姻中，良好而又稳固的合作关系，使婚姻双方同舟共济，不会轻易放弃。在结婚之前，大多数情侣考虑的都是对方是否真的爱自己。其实，我们最应该问自己的是：他或者她是能够共度一生的人吗？人生就像大海，时而风平浪静，时而巨浪滔天。携手共度一生的人，不但能够同甘，更应该能够共苦；不但能够携手度过人生最艰难的时刻，也应该在富贵时彼此珍惜。如果人生是一场在荆棘丛中的艰难跋涉，那么结婚的对象必须与你互相成为对方的拐杖。提到合作，大多数人想到的是生意场上的共赢。的确，没有共赢，就不会有合作存在的可能。婚姻也是如此，良好的婚姻关系是一场共赢的合作。人人心中都有自己的衡量，不管是出于爱还是出于其他的考量，婚姻关系之所以存在，一定有着能够让当事人心理平衡的特质。在很多感天动地的爱情中，我们常常看到婚姻的某一方始终在付出，其实，他也有收获，那就是心灵的安宁。心永远是我们行动的指引，如果是违心的付出，不可能相守一生。民间常说，“少年的夫妻，老来的伴”。很多夫妻年轻的时候吵吵闹闹，到老了，就彼此依存、相互照顾。这就是婚姻的本质。

虽然时光缓缓地流淌了将近一个世纪，但是杨绛和钱钟书的幸福婚姻却始终被传为美谈。用现在的话说，他们是一见钟情。那一天，钱钟书穿着青色的布衣，鼻梁上架着一副看起来很老气的眼镜，脚上是一双布鞋。面对杨绛，钱钟书突然说："我没有订婚。"杨绛也毫不含糊，当即回答："我没有男朋友。"就这样，他们彼此倾心，水到渠成地相恋、结婚、孕育子女。

钱钟书是有名的才子，杨绛也是才女。他们两家门当户对，他们的结合是真正的珠联璧合。在此后的岁月里，他们携手出国留学，从未分开。留学回国后，杨绛的名气远远超过钱钟书，很多人说起钱钟书，都以"杨绛的丈夫"做介绍。对此，杨绛浑然无觉，依然洗衣做饭，当好钱钟书的妻子。为了支持钱钟书写作《围城》，杨绛还主动承担起家务，以便节省开支，让钱钟书减少课时，专心写作。对于和杨绛的婚姻，钱钟书由衷地满足。他总是说："我见到她以前，从不想结婚；我娶了她之后，从未后悔结婚，更未想过娶其他女人。"

钱钟书写出了《围城》，自己却在围城里幸福地生活。他与杨绛的婚姻是珠联璧合，是合作共赢。他们相互扶持，一起度过了漫长的人生。这样的婚姻，是爱情的婚姻，也是幸福的婚姻。林语堂的妻子是一位富家小姐，尽管婚前就知道林语堂生活贫困，这位小姐还是义无反顾地与林语堂走入婚姻的殿堂。婚后，尽管他们生活窘迫，做妻子的甚至直到婚后4年经济稍有缓解的时候才怀孕，却从未抱怨过婚姻。林语堂也对妻子爱护有加，他曾经说，"如何才能当个好丈夫？就是太太在高兴时，你跟着高兴，在太太生气时，你却千万不能跟着生气。”由此可见，婚姻之中不但有携手并肩，也有宽容忍让，还有大度和理解。

大多数人的婚姻都是平凡的婚姻，然而，平凡的婚姻要想获得幸福，也必得有不平凡的经营之道。要想经营好婚姻，首先要投入。既然是合作，必然需要双方的投入，这种投入既包括感情上的，也包括经济上的、时间和精力上的。和商场上的合作不同，因为有爱作为基础，婚姻的合作讲究的是量力而为，而不要求均等。举例来说，一个富家小姐非常有钱，却爱上了一个穷小子。那么，她必然在经济上有更多的投入，却不能要求穷小子和她一样富有。其次，婚姻的合作还需要包容。两个原本完全陌生的个体，因为爱，彼此走到一起，成立家庭。婚姻生活绝非爱情那么简单，他们从此之后必须共同面对诸多的问题。这种情况下，此前不同教育背景、成长经历和家庭环境导致的不同个性和习惯，难免会发生摩擦和碰撞。这时，就需要有一方做出妥协和让步。总而言之，婚姻的合作关系要以获得家庭幸福为最终目的，不能计较得失，更不能寸步不让。以爱为名义的合作，应该是和谐的、融洽的、美好的，许人一生的幸福。

婚姻也是合作关系的一种，虽然不同于商场和政坛上的合作，但是也需要投入，才会有所回报。婚姻的合作关系中，斤斤计较要不得。只有不计付出和得失，才能收获家庭的幸福。婚姻的合作目的是家庭幸福，这样的目的注定了婚姻双方必须不遗余力、齐心协力地一起努力。

给彼此独立空间，别让爱窒息

也许是他，也许是她，不知不觉间变成了一个侵略者。相爱原本是两个同等大小的圆的交叉，有一部分重合，有一部分各自独立。然而，他们却让自己变成一个小小的圆，根深蒂固地镶嵌进对方的领地。这就是爱情的占有。爱情不是占有，爱和占有的界限很模糊，所以相爱的人们往往混淆了这两者。也许是因为害怕失去，也许是因为受到根深蒂固的观念影响，他们总是企图把自己和所爱的人合二为一，这是根本不可能做到的。一旦真的做到，爱情就会变成真空，失去生存的氧气。即使不是完全的占有，爱情也会因为自私的欲望，变得越来越令人窒息。

在爱情的命题中，无数人都为爱情的保鲜头疼。其实，充足的阳光、空气和水是最重要的保鲜材料。这一切，只有空间能够提供。我的闺蜜已经结婚10年了。近来，她突然说自己活得没意思。我不理解她的话，她有丈夫、有儿子，还有稳定的工作，为什么会产生悲观厌世的情绪呢？她恶狠狠地对我说："我的一生一眼望到死，我每天都是家和单位两点一线，偶尔去学校接孩子，我不知道自己活着还有什么意义。"原来，她没有独立的生活空间。她丈夫是一个很唯唯诺诺的男人，很少说话，也没有什么兴趣爱好，很无趣。我的闺蜜恰恰与他相反。她活泼、热情，喜欢四处游山玩水，喜欢新鲜和刺激。然而，每当她提议出去旅行，她的丈夫总是说："出去又得花钱，难道你不知道房子的月供还没还完吗？"就这样，她人生最美好的10年，就被框在那方圆十里之内。如果不是为了孩子，闺蜜说她早就离婚了。

对于这样两个玩不到一起的人，实在没有必要事事捆绑在一起。虽然相爱的人有很多事情可以一起做，但是每个人都有权利保留自己的兴趣爱好。例如，闺蜜喜欢四处旅游，那么在经济条件可以承受的范围内，丈夫完全没有必要干涉她。再如，闺蜜的丈夫喜欢窝在家里看小说，那么就留在家里看家看小说好了。这样的两个人捆绑在一起，彼此都觉得索然无味，时间长了，肯定会影响彼此间的感情。

小米和阿强结婚十几年了。小米是四川人，最爱吃辣，无辣不欢。阿强是上海人，喜欢吃甜，几乎每个菜里都放糖。虽然小米知道阿强的饮食习惯，但是每次去吃火锅，小米都死活要把阿强带去。对于阿强来说，连饭馆上空漂浮着的花椒和辣椒炒香的味道，都很刺鼻。然而，为了让老婆吃得高兴，阿强每次都勉为其难地作陪。

有一次，阿强感冒了，嗓子疼。小米又想去吃火锅，阿强和往常一样默默地跟着去了。进了火锅店，阿强无可控制地接连打了十几个喷嚏，小米埋怨道：“你看你，大家都在吃饭，你应该控制一下啊！”阿强突然冒起无名火：“控制，我怎么控制？我感冒了，还来陪你吃火锅，你还要怎样？这么多年，你何曾陪我吃过一次上海菜，就连在家里做菜，都做得特别辣。你简直是自私透顶！”听了阿强的埋怨，小米也生气了：“我怎么没有照顾你了，我哪次做饭不是给你做一盘不辣的菜呢？为了你，我原本三五天就要吃火锅，现在都改成十天半个月吃一次了，你居然还嫌弃我不关心你？……”一顿争吵下来，火锅没吃成，夫妻还变成了仇人。小米一气之下离家出走，投奔闺蜜了。

得知事情的原委，闺蜜批评小米：“小米，虽然我是你姐妹，但我还是要批评你。你说说你，你吃点儿上海菜没关系，顶多觉得滋味寡淡一些，但是让阿强吃四川菜，可是要经常上火的。你为什么不能给彼此一些空间呢，你每次去吃火锅都要拽着阿强，你明明知道他不喜欢花椒和干辣椒的味道。你下次可以喊我一起吃啊，给阿强一点儿自由，让他去吃上海菜，或者回他妈家吃饭，不是很好吗？就像你不喜欢吃芥末，让你顿顿吃，顿顿闻味道，你能受得了吗？”小米若有所思，暗暗想道：也许这些年真的委屈阿强了。

在这个事例中，闺蜜的提议是很好的。对于口味差异巨大的小米和阿强来说，没有必要每顿饭都捆绑在一起吃。小米爱吃火锅，就去吃火锅好了；阿强喜欢偏甜口的上海菜，可以自己去吃。如此一来，阿强也不用闻不喜欢的花椒味道，小米还可以经常吃火锅，皆大欢喜。

夫妻未必应该每件事情都一起做。每个人都有自己的生活习惯和喜好，即使是相爱的两个人，也不应该强人所难。仅就饮食这一件事情来看，夫妻之间就应该彼此让步，分开行动。当然，生活远远不止吃饭这么简单。对于很多生活中的摩擦，夫妻双方都可以在彼此独立的空间里解决。例如，丈夫喜欢看大片，那么可以在客厅看。妻子喜欢看书，可以在卧室看。每天晚餐后的时间，不一定要一起度过，可以分开度过，这样也是不错的哦！

夫妻关系不是捆绑关系，而应该根据彼此的需要和舒适程度随时进行调整，以双方都觉得自在为宜。对于自己所爱的人，我们应该给予她或者他足够的尊重。即使是我们自身很喜欢吃的食物或者是喜欢做的事情，也不能强加于人。爱情的保鲜需要氧气，我们彼此给予对方的空间越大，氧气就越充足。

宁缺毋滥，爱绝不将就

父母那一代，20岁左右就结婚生子了，现在年轻人到了30岁都还不着急，这两代人之间的鸿沟是越来越大。随着年龄的增长，父母催促剩女早点结婚，即便是在平日生活中也经常有意无意地提起婚姻的话题，这给剩女们带来了极大的家庭压力。在耳边经常听到的就是父母关于婚姻的话题："你年纪也大了，应该考虑婚姻问题了。"这样的话不是偶尔听到，而是经常听、天天听，时间长了，一旦听到这样的字眼，就触动了剩女们的敏感神经。

除了家庭压力外，她们还长时间地承受着社会和内心的压力，容易造成一定的心理问题，她们害怕谈论恋爱和婚姻问题，不喜欢别人的指指点点、冷言冷语，多次相亲未果，恋爱不成，她们就开始怀疑自己，认为自己找不到好男人，但又不愿将就条件一般的男人，心里就一直这样矛盾着。这时候，如果家里再上演"逼婚"这样的剧目，那她就有可能因压力做出仓促的决定。

已经35岁的小曼因为一直没嫁出去，每次回家都被母亲念叨。当家人们劝小曼早日出嫁的时候，她情绪非常激动："你们别再逼我了！妈妈你就这么希望我走吗？"站在旁边的弟弟看见姐姐对母亲这样大嚷，心里很恼火，说："你年纪这样大了，早该找户人家嫁了。"说着说着就打了小曼几个巴掌，还在小曼身上打了几十拳。后来，小曼到医院检查，发现自己左侧3根肋骨骨折。

这样的事情传出去之后，不少剩女表示："这事情太吓人了，得赶紧把自己嫁了。不过话又说回来，结婚这件事不是你想结就能结的，也不是你想娶我就非得嫁，一定要两人看对眼吧。"一位剩女则说："剩女们伤不起啊，看在肋骨的面子上，争取快快脱单吧。”还有一位剩女表示：“看来将来我穿防弹衣加钢盔都还不够，还得再加一圈钢板。”

像小曼一样，多少大龄剩女正被父母念叨着，她们那根敏感的神经经常被触动着，很快就会爆发出来。每每到了回家的日子，剩女们总是心惊胆战的，既想回家，又怕回家，怕回家就被父母念叨结婚的事情。尤其是老家是农村的女孩子，在农村凡是超过20岁的女孩子就算是大龄剩女了，在父母的眼里，这样的年纪已经很难找到合适的了。

因此，父母特别着急，他们将自己内心的焦虑转化成对女儿的念叨和逼婚，有的父母甚至骗女儿回家相亲，这样的情节在不少家庭里上演着。

小瑶25岁了，在老家也算是大龄剩女了。每次接到父母的电话，无非就是那句话：“最近相亲没？遇到合适的就嫁了吧。”搞得小瑶烦不胜烦，不仅如此，每次去亲戚家，都会受到亲戚的“教导”：“小瑶，你今年也有25了吧，年纪算大了，赶紧找个合适的对象，看你爸妈整天为你的事情担心，吃不好、睡不好的，他们年纪大了，把你培养成人，现在不是该让他们安心的时候吗？你早点把事情解决了，他们也少操心。”每到这时，小瑶就要抓狂了，虽然小瑶对于这样的劝说很反感，但心里也涌现出一种对父母的愧疚感。

小瑶经常对朋友说：“你说我是不是应该快点去找个合适的男人嫁了，否则就对不起父母？”虽然朋友好言相劝，但小瑶始终被这个问题困扰着。她觉得，自己不应该那么任性了，以后相亲时就听父母的吧。

在后来的相亲中，小瑶不再那么排斥了，也听了父母的意见。不到两个月就相到了一个“合适”的，之所以说合适，是因为男方的工作、家境都顺了父母的意，而两人之间也不太反感，就试着交往了。交往半年，双方家庭开始催婚了，小瑶就这样被送进了“围城”。

婚后，小瑶才发现那个男人根本不是自己想要的，没有什么共同语言，整天除了回到同一所房子，几乎没什么别的事情。她才意识到自己当初的仓促，但为时已晚，现在也不能着急离婚，因为怕父母担心。

生活中，一些剩女会经历这样的过程，先是反感父母的催婚，后来不堪家庭的压力，她们妥协了。凡事都听父母的，让父母一手去安排，父母觉得合适的，她也不说话了。最后，按照父母的眼光，找了一个各方面都“合适”的男人，把自己嫁了，结婚之后才发现自己的幸福已经被毁了，但为时已晚。

在父母的压力下，剩女们也要积极参加社交活动，创造与异性沟通的机会。剩女们可以利用自己的业余时间学习烹饪、化妆技巧，去美容店，练习瑜伽和交际舞，参加单身派对等活动，这样不仅丰富了自己的业余生活，也增加了认识和了解异性朋友的机会，从其中去选择自己的另一半，建立在这种深入了解基础上的婚姻会更稳固，这比起父母安排的相亲、亲朋好友的介绍更合适。

父母与女儿在婚姻大事上通常不能达成统一的意见，父母看重男人的工作是否稳定、工资是否高、家境是否好，而女儿则看重男人的品行、性格、为人处世等方面。对于这样的分歧，女儿需要与父母好好沟通，尽量达成统一的意见，女儿需要让父母明白："婚姻是两个人过日子，它所需要的是内在条件，而不仅仅是外在硬件。"

当遇到与父母意见不同的时候，一方面可以说服父母，另外一方面也可以适当听从父母的，毕竟父母也是为了女儿的幸福着想。其实，越是剩女，越需要抗住家里的压力，毕竟，结婚是人生大事，不能仓促进行，而是需要选择一个合适的男人。

爱已远离，就放手吧

一个人要想赢得幸福，就应该跟过去的事情说再见。对于那些已经过去的事情，如果你总是处处较真、耿耿于怀，那你就只能生活在过去，无法走出过去的痛苦记忆。生活中，那些较真的人很容易陷入消极情绪的纠缠中，对于早已经发生过的事情，他们总会时不时地想起来，本来心情还蛮不错，但只要想到过去，就好像陷入了泥潭，难以挣脱出来。在回忆过往的时候，他们会一个人悲伤落泪，一个人暗自神伤，最后搞得自己身心疲惫。

一个人若是想要过上幸福的生活，那就应该忘记过去，不仅仅是自己的过去，还有对方的过去。有的人很容易与自己过去的经历分割开，但他却把对方的过去揪住不放。谁都有个过去，即便两个人走到一起，也不能保证对方的过去就是一片空白，他也有他的故事。

王梅30岁了，虽然人已经快到了中年，但她还是孤身一个人。每每遇到有人张罗介绍对象，王梅就会不好意思地摇摇头："我哪还有资格拥有婚姻生活？"听到这样的话，旁人就会直叹气，她又想起了过去那段错误的感情。

王梅大学毕业后，正值青春年华，身边有不少的追求者。但心高气傲的王梅总希望自己能在特别的时间遇到特别的人，然后展开一段特别的感情。她在等待着那个人的出现。直到王梅25岁那年，她去外地出差在火车上遇到了一个风度翩翩的男人，虽然这个男人看上去比自己大几岁，但王梅就是欣赏这样的，阅历比自己多，年纪比自己大，这样自己就可以享受幸福了。

分别的时候，两人留下了联系方式，王梅虽然对这个男人充满着期待，但人海茫茫，谁知道还能不能碰到呢？没想到，就在王梅回到城市的第二天，她就接到了那个男人的电话，他带着极富磁性的声音说："我跟你同在一个城市，我要在这里工作3年。"王梅兴奋极了，两人顺理成章地走到了一起，王梅还带着他一起回家见父母。在父母询问某些家庭细节的时候，却发现这个男人支支吾吾，全然没有了游刃有余的气度，父母规劝王梅：“他是一个外地人，你怎么能摸清他的底细呢？”沉浸在爱恋中的王梅毫不在乎：“他爱我，这就是他所有的底细。”

他们在一起同居了3年，在这3年中，王梅虽然提过结婚的事情，但男人总是以事业未成为推托，王梅心想：既然两人都在一起了，又何必在乎那一张纸呢？于是，心安理得地过起了同居生活。不料，3年之后的某一天，男人突然失去了联系，他就好像是从这个城市消失了。王梅再也找不到他，去了他的公司询问，才知他早已经有家室，这次来这个城市确实是工作3年。听到这个消息，王梅晕倒在地。

她也想过去找他，但如果面对他另外那个家庭，该如何解释呢？当初是自己错看了他，不听父母的劝告才在一起，如今该以怎么样的方式去质问他呢？说到底，他的底细自己并不清楚，只是一厢情愿地以为他会爱自己，会跟自己结婚，不料却是这样一番结局。从这以后，王梅就沉浸在自己的错误之中，她再也走不出来。

谁没有过去呢？如果过去的事情对于我们而言是难过的，那就更应该忘记过去，只有忘记了，才能重新出发，开始新的未来。对于过去，我们要看得开，一段感情没有了，那就去寻找新的寄托。如果自己曾经犯下某些错误，那就应该选择另外一条宽阔的道路，这才是上上之策。沉浸于过去，只会给自己未来的生活蒙上阴影；忘记过去，我们才能更好地开始新的生活。

一个人不要苛责自己，尤其是不要苛责自己的情绪，如计较曾经的错误，这就是苛责自己。一旦陷入这个泥潭，你所损失的不仅仅是健康的身体，还有美好的心情。一个人如果长期活在过去的痛苦中，他是没办法感受到快乐和幸福的。因此，在感情中，不要太过苛责自己，何必让曾经的错误来折磨自己呢？

人总会好奇对方的过去有着什么样的故事，在他的生命里有过一位什么样的主角。既然好奇，就忍不住追问，可等他听完了整个故事，却再也快乐不起来，因为他总是在想对方过去的事情，总在纠结过去的一点点事情，最终使得两个人之间出现了隔阂。其实，想要一段感情走得更远，那我们就不应该与过去的事情纠缠不休，这不仅仅是在折磨自己，同时也是在折磨对方。

一个人总是沉浸在过去，那他就会拒绝新生活的开始，总是纠结于过去，跟自己较真，那就是折磨自己。既然过去已经被贴上了曾经的标签，那就意味着是陈年旧事，纠结于这样的事情有什么作用呢？只有忘记过去，我们才能重新开始，才能赢得幸福的生活。

最好的爱情，是爱别人也爱自己

有人曾做过调查："假如我们对你的恋人或丈夫做一次采访，那你最想从他们嘴里知道些什么？"被调查的人们都不约而同地回答："他还爱我吗？"女人最想从她们的丈夫那里所得到的答案是“他还爱我”。但女人都忘记了问自己：“你还爱你自己吗？”对于女人而言，她最亲密的朋友就是自己，试想，如果作为一个妻子，你总是被丈夫所左右，连自己都不爱，那还有什么理由期待丈夫会爱你。让·雷诺和广末凉子主演的《绿芥警探》中，有一句台词很打动人心。剧中那位很有风韵的女人对男主角说：“我不漂亮，也不会做饭，但我懂得爱。”懂得爱的女人是容易打动人心的，但首先她们应该懂得爱自己，一个不爱自己的女人恐怕无法更好地去爱别人。

女人在爱情里容易失去自己，这不是可怕的事情。可怕的是你根本没有意识到你失去了自己，而当你的爱情城堡突然倒塌时，你才发现原来的你已经不存在了，你甚至不知道该如何面对这一突如其来的情况。那时，你可能会经历比死亡更惨烈的痛苦，因为你感觉自己的自尊心被伤害，你的自信心被打击。

小倩是一个风风火火的职场女人，但在生活中她却是一个懂得宠爱自己的女人。在紧张忙碌的工作之余，她懂得用各种方式来调剂自己的生活，如购物时用自己赚的钱给自己买喜欢的东西，在旅游的过程中体验放松的快乐，同时汲取新鲜的感受。她常说：“宠爱自己就意味着独立、自由、进取。”

小倩说：“我的工作强度比较大，做演员、写剧本、做影视策划，经常忙得天昏地暗。做这一行常常让我思考，活着究竟是为什么，是为了挣钱吗，但是挣多少算是个够呢？我给自己总结了一个理念：生活中最重要的是让自己快乐。”

小倩还说："每拍完一部戏，我都会找一个最快乐的方式让自己放松。因为做演员的关系，我买得最多的是衣服，购买心得很简单：不一定要最贵的，一定要自己最喜欢的。我现在的家里，有一个房间专门作为衣帽间，因为里面有整整一个房间的衣服，听起来是不是有点过分啊。但是我觉得，女人活着不就是为了让自己开心吗？花钱能买来开心，还是比较值得。"

说到男人，小倩笑着说："我和男朋友很像是朋友，不像是如胶似漆的恋人，我常听说两个人太相爱，就好像融合为一体了，我讨厌这样的感觉，我不喜欢被男人左右，我所欣赏的是自由而无束缚的爱。我和男朋友都有自己的私人空间，我们听一样的CD，看一样的电影，但我们的私人空间却是不一样的。我的工作需要我有很多的应酬活动，而我男朋友依然有一些比较谈得来的女性朋友，我也经常见到，但我不会吃醋，我觉得这就是生活，这就是爱，我不希望他左右我的心情，当然，我也不会禁锢他的私人自由。"

很多女人的生活离不开男人，她们会认为跟男人一起看电影、听音乐会、共进晚餐，那才叫约会。如果只有自己一个人，身边没有男人的陪同，就会觉得烦躁不安，觉得人生毫无乐趣。好像一旦男人离开了，她也失去了自己。

其实，在一定程度上，她们的喜怒哀乐已经受男人控制。陷入爱情里的女人，会不知不觉地把决定自我感觉的权利交给男人。女人为什么因为爱情而痛苦？就是因为她们臣服于男人并且需要男人来决定自身的价值。在男女相恋的过程中，她们丧失了自己内在的力量，当男人离去，她们就把暂时丧失的力量与长久的无力感混合在一起。

聪明的女人总是把自己内在的力量分散到很多方面上去，如亲情、友情、工作。她们不可能与其中的某一项联系过于紧密。通常，让她们感到满足和兴奋的东西很多，所以除了爱情以外，她们有更广阔的选择空间。不要被男人所左右，女人就应该明白，除了爱情以外，人生中还有很多东西值得我们去了解。在爱他的同时，更要学会爱自己。

女人要有自己的一份追求，必须有一件事情是自己喜欢去做的，这样，当你的爱情走了之后，你就可以把注意力转移到你的那份喜好上面。也许，它并不如爱情带给你的兴奋和满足。因为这世界上没有任何一件事能比爱情更让人感到奇妙和激动了，但是，做自己喜欢的事情也是一种快乐，也是一种精神上的幸福。它能让你从空虚中解脱出来，从爱情的悲痛中释放出来，让你感受到人生的另一种美好。

由于男人被赋予了某种权利的关系，女人会觉得自己的价值就是在爱情里被肯定，当她们的爱人有一天弃她们而去，她们就觉得自己的价值被否定了，那种生不如死的感觉几乎让女人崩溃。其实，这些女人就很容易被男人左右，因为她们把爱情当成自己生命的全部，她们将所有的希望都寄托在男人身上，若是突然有一天男人离开了，她们自己也失去了人生的方向。

参考文献

[1] 壹心理. 反脆弱：做一个内心强大的人[M]. 广州：广东人民出版社，2017.

[2] 卡耐基. 做内心强大的自己[M]. 孙晶玉，译. 北京：新世界出版社，2012.

[3] 墨墨. 修心：做内心强大的自己[M]. 北京：北京理工大学出版社,2012.

[4] 塔勒布. 反脆弱:从不确定性中受益[M]. 北京：中信出版社，2014.